Earthquake Disaster Prevention in the History of Seismology

地震学の歴史からみる

地震防災

神沼 克伊 著

丸善出版

は じ め に

　究極の地震対策は大地震に遭遇したとき「どうしたら生き延びられるか」、「どうしたら犠牲者にならないで済むか」を考えることです。

　大地震は突然発生します。母なる大地が大揺れに揺れ、建物の崩壊、地滑り、山崩れなどが発生し、亡くなる人も出ます。地震による犠牲者です。運よく生き延びた人はその時点で地震の被災者になります。地震の犠牲者と被災者の間には「天と地」の差があります。犠牲者は地震発生後にはこの世に存在していないのです。まずは被災者になりなるべく、安心安全に、被災前の生活に戻れるようにいろいろな対策が考えられます。その対策を総称して本書では「防災力」と定義しています。

　2023年9月1日で関東大震災発生から100年が経過しました。その間、何回か大地震発生説が世の中に流布しましたが、噂あるいは堂々と提唱された通りの地震は一度も発生したことがありません。

　関東大震災、阪神・淡路大震災、東日本大震災と、日本列島では1923年以来の100年間で大震災とよばれる地震は3回起きましたが、事前に予知された地震はなく、地震学者がその発生の可能性を訴え続けていた地震は関東大震災だけでした。これは、地震が同じ地域で繰り返し起こることからなされたもので「いつ頃起きる」と予測あるいは予知したものではありません。

　日本では大学や気象庁が中心になって地震予知研究計画が1965年から実施されてきました。その後に発生した2つの大震災も予知できなかったことから、巨大地震発生の前兆現象を観測網でとらえることは非常に難しいと認識され始めました。これにより南海トラフ沿いに起きると予想されている巨大地震は、事前に「警戒宣言が発せられる」とした大規模地震対策特別措置法（大震法）も、方向転換され、「巨大地震は突然起こるから注意するように」となりました。しかし、世の中には依然として安易な大地震発生説を流す研究者は絶えません。

本書では追跡できた過去4回の地震と同じような発生間隔で起きるとすれば、次の関東地震の発生は2150年頃になると予測し、過去の地震活動からその発生の前数十年から100年間は南関東の地震活動は活発になると予想しています。したがって、次の100年間はその備えをしていく時期です。同様に過去の発生間隔から類推して、南海トラフ沿いの地震は、前回の1944年の東南海地震と1946年の南海地震から100年から150年後の21世紀後半には起こるでしょう。

北海道東方沖から三陸沖の巨大地震はほぼ確実に津波発生を伴います。同じように過去の発生間隔からは、21世紀後半から22世紀中頃までに少なくとも数回の発生が予想されます。また、北海道西岸から日本海沿岸に沿っては、数年から10年に一度ぐらいの割合で、どこかでM6から7クラスの中・大地震が発生しています。

2024年元旦には「令和6年能登半島地震」（M7.6）が発生しました。300名以上が犠牲になりましたが、その多くが家の中での圧死と報道されています。この地震は2020年12月から始まった群発地震発生域に隣接した断層に沿って起きたものと私は解釈していましたが、発生1か月後に発表された京都大学防災研究所の解析結果でも同じような報告がなされました。その理由は余震がとても多かったことです。おそらく群発地震とM7.6の大地震の余震とが重なって起きていたと思います。地震後に高さ数メートルの津波が珠洲市や輪島市の海岸を襲い、また、海岸は最大4mも隆起した地域があります。地震学に多くの問題提起をした地震となりました。

これらの巨大地震あるいは大地震に対する備えは、私が提唱する究極の地震対策「抗震力」を身につけることで、大地震ばかりでなく巨大地震に遭遇しても「生き延びる術」を身につけておくこと、犠牲者にならないことを目的として本書を執筆しました。一見、科学的に見える非科学的な地震研究者の虚言・妄言に惑わされることなく、本書で身につけた抗震力で大地震を乗り切ってください。

2024年9月

神沼克伊

目　　次

序　章　過去を知る ……………………………………………… 1

　0.1　防災国体 2023……………………………………………… 1

　0.2　地　震　峠 ………………………………………………… 4

　0.3　繰り返される地震後の混乱 ……………………………… 7

第 1 章　関東大震災から百年…………………………………… 13

　1.1　震災予防調査会の閉幕 …………………………………… 13

　1.2　地震研究所の設立 ………………………………………… 16

　1.3　予知への期待と挫折 ……………………………………… 21

　1.4　地震学の危機 ……………………………………………… 27

第 2 章　地　震　防　災 ………………………………………… 31

　2.1　地震防災は地震学の大目的 ……………………………… 31

　2.2　震災予防調査会の設立 …………………………………… 37

　2.3　大森と今村の責任感 ……………………………………… 41

第 3 章　地震発生予測 …………………………………………… 49

　3.1　地震予知・予測の現実 …………………………………… 49

　3.2　1945 年から 1954 年の地震発生説と福井地震 ………… 56

　3.3　1970 年代の東海地震発生説……………………………… 58

　　コラム①　霧島火山観測所での広報　　60

　3.4　阪神・淡路大震災の発生と予知への批判 ……………… 60

　3.5　西日本の大地震切迫説 …………………………………… 63

　3.6　「想定外」と「M9 シンドローム」 ……………………… 65

　3.7　地震に成熟した社会を目指して ………………………… 66

iv　目　　次

第4章　大地震の発生地域 ………………………………… 69

4.1　「大づかみ」な話 …………………………………… 69

4.2　太平洋プレートが形成している海溝 ……………… 76

4.3　後発地震注意報 ……………………………………… 83

4.4　フィリピン海プレートの形成するトラフや海溝 … 88

4.5　南海トラフ沿いの巨大地震 ………………………… 93

4.6　超巨大地震の予測 …………………………………… 98

4.7　内陸から日本海側の大地震 ………………………… 99

第5章　次の関東地震の予測 …………………………… 105

5.1　関東地震の追跡 …………………………………… 105

5.2　南関東の地震活動 ………………………………… 108

5.3　過去からの予測 …………………………………… 111

コラム②　人間の寿命と地球の寿命
　　　　　　——原子力発電所をめぐる報道から　113

第6章　抗　震　力 ……………………………………… 115

6.1　抗震力とは何か …………………………………… 115

6.2　地震による犠牲者の数 …………………………… 116

コラム③　中国・四川省地震の教訓　117

コラム④　地震に備えろ　118

6.3　地震への遭遇は珍しい出来事 …………………… 119

6.4　M9シンドローム再考 …………………………… 121

6.5　究極の地震対策 …………………………………… 123

コラム⑤　生き抜くこと　124

6.6　抗　震　力 ………………………………………… 124

6.7　シミュレーション ………………………………… 126

6.8　無事に帰宅するまで ……………………………… 130

6.9　壊れても潰れない家 ……………………………… 131

6.10　居間や寝室の安全確保 …………………………… 135

6.11　家屋の建っている地盤 …………………………… 136

6.12　地　震　環　境 …………………………………… 138

目　　次　v

　6.13　津　　　　波 ……………………………………… 141
　6.14　地震の知識 ………………………………………… 144
　6.15　子どもたちの抗震力 ……………………………… 152
　　　コラム⑥　交通ルールと同じように抗震力を学ぶ　153

第7章　防　災　力 ……………………………………… 155
　7.1　防災力とは ………………………………………… 155
　7.2　ライフラインの確保 ……………………………… 157
　7.3　避難所から発せられる不満 ……………………… 158
　7.4　避難所問題の解決 ………………………………… 159
　7.5　住宅の耐震性 ……………………………………… 163
　7.6　食　　　　料 ………………………………………… 166
　7.7　防災グッズ ………………………………………… 168
　　　コラム⑦　地球の寿命のせめぎ合い　170

おわりに ……………………………………………………… 171
参考文献 ……………………………………………………… 173
索　　引 ……………………………………………………… 174

序章

過去を知る

0.1 防災国体 2023

「2023 年　関東大震災　100 年」の前置きに続き「次の 100 年への備え 〜過去に学び、次世代へつなぐ〜」とのタイトルで「ぼうさいこくたい 2023」が 2023 年 9 月 17 日、18 日に横浜市の横浜国立大学構内を会場に開催されました。「ぼうさいこくたい」は多くの人にとっては聞きなれない言葉と思いますが、「防災推進国民大会」の略称で、第 1 回は 2016 年 8 月、東京大学本郷キャンパスを会場に開催されました。

そのときのタイトルは「大規模災害への備え　〜過去に学び未来を拓く〜」でした。同じようなタイトルで毎年行われ、コロナ禍の 2020 年には第 5 回が広島でオンラインにより開催、さらに第 6 回は「〜震災から 10 年〜つながりが創る復興と防災力」のタイトルのもと、対面とオンラインを併用して岩手県釜石市で 2021 年 11 月に開催されています。第 7 回は「未来につなぐ災害の経験と教訓」をタイトルに、2022 年 10 月、神戸市で開催され、2023 年の横浜市へと引き継がれたのです（写真 0-1）。

「ぼうさいこくたい」の主催者は防災推進国民大会実行委員会ですが内閣府、防災推進協議会、防災推進国民会議によって構成され、第 8 回では神奈川県、横浜市、横浜国立大学が協力しています。防災推進協議会は民間分野で日本の防災をリードしてきた団体で、防災推進国民会議は各界、各層の防災の集まりです。防災に関する国内の団体や機関を加え、市民社会、地域団体、多くのボランティアなどが参加して「ぼうさい」を考える場として「ぼうさいこくたい」を開催しているのです。

各大会の出展、講演などは毎回、数百件になり、参加者も 1 万人を超えて

2　序　章　過去を知る

写真 0-1　「ぼうさいこくたい 2023」の
　　　　　　パンフレットの表紙

います。「ぼうさいこくたい2023」でも、講演やパネルディスカッションを主体とするセッション、ワークショップ、開発商品展示のようなプレゼンテーション、ポスターセッション、屋外展示など多岐にわたります。中には「ぼうさいこくたい子ども会議」という子ども向けのプログラムなども散見され、参加者は1万6000名に達しました。

　自然災害は台風、豪雨による水害、地滑り、地震などいろいろあり、近年は異常気象が話題になることが多いです。しかし会場の展示は地震災害に関する内容が多くなっていました。特に関東大震災の震源地である横浜での開催だったので、どうしても地震災害が中心だったようです。また、毎年のぼうさいこくたいのタイトルあるいはテーマから私が感じ取ったことは、「過去の地震（または災害）から学ぼう」という意識です。

　本書を執筆した目的は一人でも多くの人が地震の犠牲者にはならないことです。そのために「抗震力(こうしんりょく)」を提唱しています（詳細は第6章）。そして抗

震力を身につける重要な点は、大地震に遭遇したら自分の周辺でどんなことが発生するかを知っておくこと、換言すれば「地震という敵を知ること」です。「ぼうさいこくたい」は敵を知るには絶好の機会です。したがって毎年日本列島内のどこかで開催してゆくことによって、日本社会全体が「地震に成熟した社会」になっていく機会を提供している大変良い企画と理解しています。

一方、私には嫌な面も見えてきました。企画の多くを占めるのが地震の被災後の体験です。よく言われる「自助、共助、公助」のうちの、共助に役立ついろいろな活動の紹介です。発表する人は自説を自信たっぷりに強調します。その一つひとつには私もほとんど賛成です。

たしかに「令和6年能登半島地震」の被災者への対応は、正月早々という日本中が一年で最も静かに過ごす日に発生したことも関係していたと思いますが、全体に遅く、電気、水、食料、衛生面などすべてが4日間も5日間も不足し、被災者からは不満が出ていました。よく言われていた「3日間だけは自分でなんとか準備してほしい」という期限は守られなかったようです。せっかく犠牲者にならずに済んでも、その後の対応によって弱者は被災後に「災害関連死」の可能性があります。

しかしなんとなく違和感があります。共助では地震発生後、被害をほとんど受けない地域の人々が、被災地に来て活動してくれるのはありがたいことです。しかし同じように被災した人が「共助が重要だからと活動する、だから避難所をはじめとする被災後の環境を考えておく」ことはその通りなのですが、私には理解できないのです。「被災したが幸い命はとりとめた。だからほかの人を助ける」のですが、そこに飛躍があるのです。その人も運が悪ければ犠牲者になっていたかもしれないのです。したがって、犠牲者にならないためにどうするのかをまず考えなければなりません。そこで私は第6章で詳述する抗震力を身につけることを推奨し、地震に遭遇したらまず「生き延びる」を目指すことを提唱します。

地震後の諸活動を推奨する人たちも、まず自分自身が地震で生き延びることを考えたうえで自説を主張してほしいものです。大地震、巨大地震に遭遇しても「生き延びる」ことをまず考え、そして揺れの収まった後にその自説

4　序　章　過去を知る

を実行してほしいと願っています。

　ちなみに「ぼうさいこくたい 2023」では私も「次の関東地震、南海地震に備える抗震力」のタイトルで講演しました。

0.2 | 地　震　峠

　1923 年 9 月 1 日 11 時 58 分頃に神奈川県西部を震源として発生し、後日「大正関東地震（関東大震災）」（M：マグニチュード 7.9）とよばれる地震では神奈川県を中心に首都圏一円に大きな被害をもたらしました。特に神奈川県下では至る所で山塊の崩壊や崖崩れが発生しました。現在の秦野市と中井町の境界付近では丘陵地の崖崩れにより流れが塞がれ、池が出現しました。後日この池は、文人科学者・寺田寅彦（1878〜1935）により「震生湖」と命名され、現在はヘラブナ釣りの名所になっています。

　当時の津久井郡鳥屋村馬石（現在の相模原市緑区鳥屋）では山崩れが発生し、県道（現在の県道 513 号線）が塞がれ、川の流れも変わる地変が発生しました。9 戸の家が埋没し、16 名が亡くなりました。『震災予防調査会報告第百号（甲）』によると鳥屋村の死者は 17 名で、うち 1 名は村外で亡くなっているので、村内での全死亡者はこの山崩れで犠牲になりました。16 名のうち遺体が確認されたのは 8 名だけでした。犠牲者には 10 歳以下の子ども 6 名も含まれていました。

　山崩れに埋まった県道は修理されましたが、押し出された土砂のため、道路は盛り上がり、その部分は現在「地震峠」とよばれています（写真 0-2、0-3）。遺族たちは付近一帯が遺体の発見されない 8 名の墓地とし、県道南側に慰霊碑を建設し、現在でも供養を続けています。遺族たちの高齢化などもあり、慰霊碑の維持は地域に託されました。地域の役員や遺族が「地震峠を守る会」を結成し、記念碑の維持と付近の環境保全を続けています。その慰霊碑が現在は国土地理院により「自然災害伝承碑」に認定され、その認定標柱には犠牲になった 16 名の名前が記されています。現在では「自然災害伝承碑　地震峠を守る会」と称され、地震峠の伝承活動を行っています。

　活動の輪は地元の子どもたちや青少年にも伝わり、100 年を機に若い世代

写真 0-2　地震峠遠景

写真 0-3　慰霊碑

への伝承活動が繰り広げられています。その成果の一つとして地元の神奈川県立津久井高等学校・漫画研究部が「守る会」の依頼に応じ、若い世代に地震峠の存在を継承するために、馬石での震災の歴史を漫画で学ぶ小冊子を発行しました。「百年の時を超えて繋がる命」のタイトルで、最後は次の言葉で結んでいます。

「震災が起きても私は生きてこの命を繋ぎたい」
「だって私は、生きることが幸せだから」

6　序　章　過去を知る

　地元には『地震峠と十六の瞳』（芳晴　作詞・作曲）という歌がつくられています。その歌詞の中には

（前略）
三つになったけんちゃんは
おかあのそばで　お昼の支度
ひさくんマサちゃんフキちゃんたちは
おなか空いた　学校帰り

その時大地が揺れ動き
轟きわたる山津波
川の流れを堰き止めて
みるみる深くなっていく
（中略）
五歳になったひろしくん
まだまだ甘えん坊だから
ばあばに優しく抱かれて
百年経ってもすやすやと眠る
（以下略）

　このような調子で、幼くして生きることの幸せを奪われた6名全員の名前が歌い込まれ、生きている人たちがこの出来事を忘れないことを強調し、地震の犠牲者になることが、いかにむごいことかを伝えています。この地震で生き延びた人々は地震被災者です。そして犠牲者は被災者たちによって葬られ、記念碑が建てられ、思い続けられているのです。地震では大揺れの起こる前、ほんの数分前までは元気だった人々が、大揺れによる家屋の倒壊、山体崩壊などで命を失い、地震の犠牲者になります。そうなってはならないことを伝える歌です。
　「地震の犠牲者にはならない。巨大地震、超巨大地震に遭遇しても生き延びる」ことが重要で、そのためには「抗震力」を身につける必要性を本書で

は「究極の地震対策」としています。被災者対策は避難所をはじめ、いろいろと提唱されていますが、犠牲者対策はあまり聞きません。しかし、究極の地震対策は犠牲者を出さないことです。

0.3 | 繰り返される地震後の混乱

　大地震で被災し自宅に住めなくなると避難所生活が始まります。被災後のいろいろな備えは「防災力」という言葉でまとめられますが、避難所生活に関する諸問題、たとえばトイレ、食事、医療や介護対策、寒さ対策、暑さ対策など数えきれないほどの課題が指摘されます。そのため日頃からの地震対策はなんとなく被災後の対策と誤解をされているようですが、その前に犠牲者にならないことが真の地震対策です。

　被災後は避難所を中心にそれぞれが助け合いながら生活をする、その避難生活が少しでも快適なように日頃から防災対策として、いろいろなことが問題提起され、対策がなされているのです。それが防災力です。

　令和6年能登半島地震はこれまでの日本国民の防災力を試すかのように、2024年元旦に発生しました。被災者は元旦から避難所生活をせざるを得なくなりました。避難所として学校の体育館が使われることが多いですが、今回も多くの人が体育館で避難生活を送ることになりました。

　広い空間の体育館ですが、そこに多くの人が居住するのです。硬い床の上に横たわるのです。当然その居住環境はよくはありません。しかし日本では学校（体育館）が避難所となるケースはあたり前と考えられているようです。段ボールでつくったベッドや間仕切りなど、少しでも居住環境を改善し、プライバシーも保てる空間にするべく努力は続けられていましたが、避難した人々の不満は翌日からメディアに登場し始めました。

　避難所の運営は市町村、つまり地方自治体が行います。能登半島では群発地震も続いており、2023年5月5日にはM6.5の地震が発生し、1名の犠牲者も出ていましたので、地元自治体はそれなりの体制を取っているだろうと想像していました。しかし報道を見る限り、元旦という特別な日だったこともあり、各自治体の対応は迅速とは言えなかったようでした。

特に支援物資が集積場所から末端の避難所に届かないことが指摘されていました。じつはこの問題は昔からの課題です。同じような話は多かれ少なかれ大地震の発生のたびごとに被災地では聞かれます。支援物資の配達は郵便配達や新聞配達に相当する作業ですが、地方自治体は日常的にはそのような人材を確保することが難しいため対応が遅れるのでしょう。

1964年に発生した新潟地震（M7.5）は私にとっては初めての大地震の調査でした。そこで見聞したことの一つが、あちこちで用意されていた炊き出しの「おむすび」などが、避難所にまで届けられず、腐ってしまったことです。同じようなことはその後の大地震でも耳にしており、半世紀以上が過ぎたいまでもこの問題ですら解決していないことに驚きました。

その後も次々に被災した人々の窮状が報道されていましたが、有効な対策がないまま同じ問題が発生していました。

ところが2024年4月3日8時58分頃（日本時間）台湾東部沖地震（M7.7）が発生し、台湾東海岸に面した花蓮県を中心に被害が発生しました。翌日の報道により避難所になっている体育館内には多くの仕切り用テントが並び、温かい食事も提供され、被災者たちが能登半島地震の被災者のような不満を発していない姿が伝わりました。日本で毎度繰り返されている被災者の不満が台湾では解決されていたのです。これについては第7章4節で再び述べます。

令和6年能登半島地震で新たに注目されたことは、被災地の地形的な特徴により、海岸に面して多くの集落が並び、それぞれの市街地や集落を結ぶ道路が寸断され、集落が孤立したことです（写真0-4、0-5）。山間部の多い地域のため電気や水道の復旧にも時間がかかり、それだけ孤立や避難所生活も長期にならざるをえなかったのです。特に水道の復旧には最大3か月から4か月かかるため、自宅に戻れたとしても、水が得られないので生活できません。さらに避難所生活は弱者にとっては特に厳しく、災害関連死者も出ていました。避難所が開設され授業のできなくなった学校で、中学生が集団避難した話も報道されました。

私の正直な感想は、地元自治体の地震災害に対しての対応不足、準備不足があったということです。以前より能登半島先端付近では、珠洲市付近を震

写真 0-4 能登半島地震で崩壊した木造住宅。2階屋は倒れなかったが平屋が完全に潰れた
（住宅所有者の許可を得て撮影）

写真 0-5 能登半島地震による隆起で干上がった海岸。点線の囲みの部分はすべて隆起した部分である

源域として地震活動が活発になっていました。気象庁の観測網では検知できませんが、1965年の松代群発地震と同じように、大学が臨時観測網を構築していたらM2クラスの地震が3年間も継続して発生していることが明らかになっています。このことから群発地震活動であることは理解されたはずで

す。ただし現在、気象庁は群発地震という言葉は使いません。

　そして2023年5月5日にはM6.5の地震が発生し、犠牲者も出ていたので行政は当然、より大きな地震が発生した場合のことを考えてはいただろうと推測しています。

　もう一つ私が気になっていたのは、群発地震域に接するように断層が東西に延びていたことです。2016年の熊本地震（M6.5とM7.3）では2日の間をおいて地震が続けて発生しました。熊本地震の場合はM6.5、最大震度7の地震に続いてのM7クラスの地震の発生でしたが、能登半島の場合は群発地震活動が続いていたのです。地震学的にはこのような場合の大地震発生への移行は解明されていませんが、小さな地震の発生域に隣接して断層が存在することには注目すべきでした。これに関しては第4章3節で詳述する「後発地震」発生の可能性があったのです。現在は門外漢の私でも気がついていることなので、気象庁をはじめ、現役の研究者が気づかないはずはないと推測しますが、現実にはそのような心配、あるいは大地震発生の可能性を地元に注意した人はいなかったのでしょうか。

　かねてから私は最近の地震や火山の研究者たちが、現場での観測軽視の傾向を心配していました。地震発生領域のいろいろな振る舞いの「地球の息吹」を感じない、あるいはわからない研究者が増えていることを懸念していました。今回の群発地震から大地震と「後発地震」発生の可能性に研究者が気づいていなかったとしたら私の心配が現実問題として現れたと考えています（第1章4節参照）。

　とにかく、大地震発生後の地元自治体の対応は、報道から理解する限り、私には不意打ちされたとしか思えないほど遅い対応でした。地震発生から1か月後のメディアの総括を見ると、実際、石川県は大地震発生予測をほとんど考えていないことがわかりました。たとえば『朝日新聞　東京版』（2023年2月1日、朝刊）には「『安全神話』はなぜ生まれたのか。改める機会はなかったのか」という記事が出ています。

　地元住民もまた続発していた（あるいは群発していた）地震現象を軽視していたと思います。珠洲市や輪島市でも住宅の耐震化率は全国平均よりかなり低い30%、40%と言われています。しかも、この地域の戸建て住宅の多

くの屋根は瓦ぶきでした。瓦屋根は重いだけに木造住宅では潰れる割合が大きいのです。犠牲者の多くが圧死、窒息・呼吸不全、低体温症など建物の倒壊が原因でした。

ただ一般的に自治体の対応を責めるわけにはいかないとも思います。能登半島の場合にはたまたま群発地震活動がありましたが、日本列島内陸から日本海側にかけて、この程度の地震発生の頻度は数百年から1000年、2000年、あるいはそれ以上の時間間隔でしか起きていません。M7.6の地震を起こした今回の断層も、活動周期は2000年から3000年と言われています。

地方自治体にとっては、近々大地震が発生することが明らかなら万全の備えをするでしょう。しかし、起こるかどうかもわからない現象に対してより、目先に生ずる多くの問題に対処する方が優先されるのも仕方ないことです。群発地震が発生しているものの、地元では安全神話が語られていたのです。

このように大地震発生後に生ずる避難所の維持をはじめ、インフラの復旧、瓦礫の撤去など多くの課題への対策が十分でないのは、どの自治体も同じではないかと考えています。

発災から2週間後にある避難所で「いま、困っていることはないか」との記者の問いに、「いや、生きているだけでありがたいです」と答えた60歳前後の男性の被災者の姿が強く印象に残っています。被災後どんなに苦しい状態が続いていても、犠牲者にならなくてよかったことを実感している姿が映像から伝わってきました。

日本国内で大地震が発生するたびに、各自治体が、また国民一人ひとりが、その地震から少しでも学んでいけば、その歩みは遅くとも日本全体が「地震に成熟した社会になるだろう」と期待しています。とにかく大地震が起きるたびに、国民一人ひとりが何が起こったか、自分の周辺と比較しながら考えてほしいです。

第 1 章

関東大震災から百年

1.1 震災予防調査会の閉幕

　1923年9月1日、日本の首都圏は突然「関東地震」に襲われました。のちに「大正関東地震（関東大震災）」とよばれるようになるこの大地震の発生は、1府6県の広範囲にわたり甚大な被害を及ぼし、10万人以上が犠牲になりました（写真1-1）。

　大地震の発生により、文部省の建物も壊滅（震災）は免れましたが、その後に発生した火災により、屋根瓦が落ちて木材が露出した屋根の建物に火が着き、すべてが灰塵に帰しました。1891年の「濃尾地震」を契機に発足した「震災予防調査会」の事務部は文部省内にあり、当時、一ツ橋にあった東京帝国大学理学部地震学講座付属観測所とともに、すべての観測機器や観測

写真1-1　関東大震災の横浜市の被害

資料も文献も焼失しました。

　一方、幸い本郷の東京帝国大学構内の弥生門の近くに建設されていた地震学教室は、オーストラリアに出張中の教授・大森房吉（1868〜1923）から留守を預かっていた助教授・今村明恒（1870〜1948）の指揮により、建物も地震計も地震記象も無事でした。同じく東京大学構内に併設されていた調査会所属の耐震家屋も焼失を免れ、観測機器や観測資料も被害を受けずに済みました。そのため、東京で記録された「歴史的大地震の地震記象」を今日でも見ることができるのです（写真7-2参照）。

　大森は震災予防調査会の会長事務取扱兼幹事も務めていましたが、既述のとおり不在のため、9月4日、今村が震災予防調査会会長事務取扱代理に任命され、大森不在の折、大地震の調査研究の指揮・調整を任されることになりました。震災予防調査会の事務局は文部省内に置かれていましたが、各委員はすべてほかの機関に所属し、調査会は兼務でした。今村は早速、各委員との連絡を密にするとともに、委員会を招集して大震後の調査・研究の分担を決め、不足分は臨時委員や嘱託を採用することとし、政府に必要な資金を要求して活動を始めました。

　震災予防調査会は東大総長、文部大臣、京大総長、帝国学士院長、理化学研究所長などを歴任した貴族院議員の菊池大麓（1855〜1917）の見識と政治力で創設されました。地震学にも強い関心を示し、日本の地震学の黎明期に地震学者の関谷清景（1855〜1896）や、大森らが地震学に専念できる支援を続けていました。

　震災予防調査会の目的と仕事を菊池は次のようにまとめていました。

1. 地震や津波に関する現象や古い記録や新しい調査などから、事実の記載分類をする。
2. 地震観測や地震計の改良によって地震動の性質を明らかにする。
3. 地震に伴う地形変動や火山噴火の地質学的調査により地下に起こっている現象を明らかにする。
4. 地震と関係ありそうな物理学的現象を調査し、その関係の有無を明らかにする。そのような現象として地磁気、緯度変化、重力、地下温度、

湾や湖の静振、井戸の水位変化、岩石の弾性係数などが考えられるが、地震との関係を調べ、究極の目的の地震予知への助けとする。
5. 調査会本来の目的の一つである震災予防の調査をし、煙突、橋桁、橋脚などの形状、材料の強弱、建築材料間の関係を調査し、地震時の地盤、建築物、建造物の振動を測定する。

　各項目について担当委員が決められており、各委員たちは驚くほどの熱意で分担された研究を進め、その成果は『震災予防調査会報告』として発表されました。

　関東大震災に関して今村は各委員の調査の役割分担を確認し、9月6日には調査会を代表して陸軍の陸地測量部長へ震災地域の水準測量を、海軍次官には震災地域に隣接する海洋域の水深測量を至急実施するように要請しています。当時は地形図も海図も国家の重要な機密事項で、測地測量は軍の仕事でした。地形変動を検出できる可能性のあるこれらの測量を、迅速に依頼したのは今村の慧眼と言えるでしょう。

　寺田寅彦も委員の一人で、地震が発生したときは上野の美術館で絵画鑑賞後、喫茶店で雑談中でした。寺田はその後、地震後に発生した火災の調査をした物理学科の学生の協力を得て火災旋風について詳細な調査をしています。

　全体の調査が終わり、報告書を出すまでに一年半を要しています。その火災編は中村清二（1869〜1960）委員が担当しました。その中で「東京帝国大学理学部物理学科の学生の有志30余名が、9月下旬から10月中旬まで、焼失地域の多くの地点に行き、火が襲ってきた時刻と方向を調べた結果を基本材料にしている」と述べています。また、寺田は中村の指導を受けた学生たちに依頼して火災旋風の調査をしたとも述べています。

　関東大震災の調査結果は『震災予防調査会報告　第百号』として1925年3月に発表されました。その巻頭には震災予防調査会幹事・今村明恒の名で文部大臣への報告が記されています。その主旨は「一年半の年月を費やして得た資料は想像以上に多かったので、地震編（甲）、地変及び津波編（乙）、建築物編（丙）、建築物以外の工作物編（丁）、火災編（戊）の5部門に分け

16　第1章　関東大震災から百年

て報告書第百号とする」と述べられています。それぞれの報告書は300頁を超え、ほかにも膨大な量の写真や図が添付されています。

　震災予防調査会はこの報告書を最後に、33年間の役目を終えました。日本の地震研究は震災予防調査会を発展させる形で発足した東京帝国大学付置地震研究所に引き継がれることになったのです。

　オーストラリアで開催された第二回汎太平洋学術会議に日本の代表団の副団長として出席していた大森房吉は、出発前から体調がすぐれなかったようです。メルボルンで開催された会議が終了し、代表団一行はシドニーに戻ってきていました。9月1日はエクスカーションでしたが大森は参加せず、リバービュー天文台の台長に昼食を招待され、天文台に新設された地震計を視察に行きました。大森が地震計の前に立ったとき、地震計の描針が動き出しました。大森はその波形を丹念に眺めたあと「その地震が日本で起きた」と天文台長に告げたそうです。

　大森は予定を変更し、一行より早く帰国できるハワイ経由の船を選びました。1923年10月4日、横浜に入港した大森の船室には今村が駆けつけ、留守中の報告をしました。大森は今村の労苦を謝すとともに「自分の責任を痛感している。叱責されても仕方がない。ただ提唱していた東京府下の水道事業が緒に就いたので自身を慰めている」というようなことを述べたそうです。当時震災予防の立場から大森は消火に必要な水を確保するために水道の施設を、今村は火災を防ぐ目的で石油ランプを電灯に替えるために電気の普及をともに推奨し続けていたのです。

　大森はその日のうちに東大病院に入院しました。その病状は毎日のように新聞紙上でも報道されるほどでしたが、同年11月8日「地震学をつくった男」と言われる大森房吉は不帰の客となりました。

1.2 ｜ 地震研究所の設立

　関東大震災の惨状は、改めて世の中に地震という自然現象の解明と、それに伴って起こる災害防止の必要性を知らしめました。震災予防調査会をリードしてきた大森は、菊池が示した震災予防調査会の目的の第一項目の地震現

象の記載分類に心血を注いでいました。この頃は「地震は地下でナマズが暴れて起こる」と考えられていた時代です。江戸時代まで「地震、雷、火事、親父」と怖いものの筆頭に挙げられ、震災予防調査会によってようやく地震がどんな現象かが理解され始めていました。大森は地震が起これば一つ科学論文を書くと揶揄されながらも、精力的に科学的な視点で地震像をつくり上げていったのです。

　地震現象の解明が進む中で、理論的な研究も進める組織の必要性が語られ始めました。震災予防調査会に代わる新しい組織の必要性、若い研究者の育成、新しい地震学の発展への道筋が語られてきたのです。

　科学界のそんな風潮を反映して、1923 年 12 月には東京帝国大学理学部に地震学科を設け、毎年 5 名の学生を採ることが決まりました。一方、地震学教室は残り、そこでは地震計による観測は続けられていましたが、不思議なことに大森も今村も若手の育成には目立った成果を出せていませんでした。しかし、本郷での地震観測が継続されていたおかげで、関東大震災の記録を現在の研究者たちも見ることができ、発生から 100 年後のいまでも研究に役立ち、新しい発見がなされているのです。

　震災予防調査会は閉幕しましたが、それに続く研究機関の設立は難航しました。後継組織として「地震研究所」の設立計画が検討されていましたが、その計画は、大森亡き後、地震学科の教授となり、調査会の幹事でもあった今村が原案を作成していました。しかし、非常に規模の大きな案であったため、当時の日本の国力、震災予防調査会の規模などからはかけ離れていました。当時の震災予防調査会の年間経費は 3 万円程度でした。今村の原案は研究所設立のための臨時経費が 427 万円、年間経費は 70 万円、職員数 140 名でした。ちなみに、関東大震災から 50 年が経過した頃、つまり設立から半世紀後の東京大学地震研究所は、東大構内の本部のほかに 18 の観測所を有し、職員数 169 名でした。これは今村案とほぼ同じ規模であるので、当時の原案がいかに大きいものであったか理解されるでしょう。

　当然、今村案は文部省でも受け入れられませんでしたが、今村も原案に固執して一歩も譲りませんでした。特に今村は地震予知のためには前兆的な地殻変動の検出が重要で、そのための観測施設の設置や水準測量の繰り返しが

必要なことを強調していますが、当時は地殻変動検出の観測機器は未開発の時代でした。今村は鹿児島県出身で「薩摩の頑固さ」と周囲はわかってはいても、結局は新研究所の設立は進みませんでした。今村の着眼点はすべて的を射ていたと思いますが、当時の科学技術を含めた国力ではとても今村案を実現することが困難なことは、多くの識者に理解されていました。

今村の地震予知を目指した研究所設立案に対し、地震学の分野に興味・関心を示すほかの分野の研究者たちからは、観測偏重で地震現象の物理学的な解明には重点が置かれておらず、震災予防調査会を拡大した案にすぎないとの批判が続出しました。震災予防調査会の活動を批判していたのは、東京帝国大学工学部船舶工学科で物体の強度や振動を研究していた末広恭二（1877〜1932）、ドイツ・ポツダムの国際重力基準点で振り子の重力計で測定し、その同じ重力計を用いて日本で重力測定を実施して重力観測網の礎を築いた原子物理学者の長岡半太郎（1865〜1950）、地球磁場の研究で指導的立場にいた田中館愛橘（1856〜1952）、そして、理学部物理学科の教授で理化学研究所の主任研究員で、振動論や物性論などの物理学の立場から地震現象を考える必要性を説いていた寺田寅彦たちでした。

彼らの原案は地震予知には重点を置かず、地震学の基礎研究と震災防止に重点を置き、スタッフも全国の理学や工学の権威者を選び、若い研究者を育てようとする案で、今村案の数分の1のスケールでしたが、現実的な案で、多くの賛同が得られました。しかし当時の日本の国力では、たとえ小さな研究所でもその設立は困難な時代でした。しかし、東京帝国大学の当時の総長の古在由直（1864〜1934）や理化学研究所長であり貴族院議員の大河内正敏（1878〜1952）の尽力で、1924年の臨時国会で協賛を得て、翌年11月に、地震研究所が設立されたのです。

新設の東京帝国大学付置地震研究所は便宜上、東京帝国大学に付置されてはいましたが、あくまでも日本の地震研究所であり「地震研究所の所員（教授および助教授）は帝国大学の教授および助教授、また関係各庁の高等官の中から文部大臣が任命する」ことになっていました。

今村は地震学科の教授であるとともに「地震観測の整備、地震計の改良、微傾斜計水準変動」を研究テーマとして所員に任ぜられていました。寺田寅

写真 1-2　地震研究所の玄関に設置されていた銘板

彦は理化学研究所の所員であるとともに「弾性波の生成及波及の実験」のテーマで所員になっていました。また当時の中央気象台台長の岡田武松（1874～1956）や次の台長の藤原咲平（1884～1950）も気象台で研究している教授であり所員でした。このように帝国大学の教授や助教授、ほかの研究機関の研究者も所員として、地震研究所のメンバーとして活躍できるシステムでした。当時の地震研究所の教授会は「所員会」とよばれ、教授、助教授が全員出席していました。

　第二次世界大戦後、日本の教育制度も変わり、1947 年には各帝国大学は大学と改称され、1953 年には新制大学発足とともに新制大学となり、東京帝国大学も東京大学になりました。それ以前の 1949 年、東京帝国大学付置地震研究所が東京大学地震研究所になり、所員は東京大学の一つの部局である地震研究所の教授、助教授となり、たとえば入学試験のような東京大学全体の業務も分担するようになりました。

　私が地震研究所に入所したのは 1966 年で、新制大学になってからです。しかしその頃も教授会は「所員会」とよばれていました。当時、安田講堂の裏（東側）にあった地震研究所の玄関の銘板（写真 1-2）は地震研究所創立 10 周年を記念して、寺田寅彦が亡くなる 100 日前に草した次の文章が表示されていました。

「（前略）大正十二年帝都並に関東地方を脅かした大地震の災禍は更に痛切に日本に於ける地震学の基礎的研究の必要を啓示するものであった。この天啓に促されて設置されたのが当東京帝国大学付属地震研究所である。創立の際専らその事に尽力した者は後に本所最初の所長事務取扱の職に当たった工学博士末広恭二であった。その熱誠は時の東大学総長古在由直を動かしその有力なる後援と文部省当局の支持となって遂に本所の設立を見るに至ったのが大正十四年十一月十三日であった」

と設立に尽力された2人の名前が記されています。さらにそれに続けて

「本所永遠の使命とする所は地震に関する諸現象の科学的研究と直接又は間接に地震に起因する災害の予防並に軽減方策の探求とである。この使命こそは本所の門に出入する者の日夜心肝に銘じて忘るべからざるものである」

100年近くが経過した今日の研究者たちにも通じる文章が残されています。地震研究所の本館は現在、弥生町の構内に移されていますが、この銘板は取り外されています。関東大震災発生から100年が過ぎた2024年、現代の研究者たちに改めて読んでもらいたい文章です。

地震研究所が発足して間もなくの1926年5月24日に北海道の十勝岳が噴火し、噴火は積雪を融かし「大正泥流」とよばれる泥流の発生で、大きな被害が出ました。地質関係の所員が現地調査を実施し、その結果は東京でも講演会で報告されています。

翌年1927年3月27日には「北丹後地震」（M7.3）が発生し、十余名の職員が現地調査を実施し、2本の断層を見つけています。こちらも東京で説明会が開催されました。

同年6月17日には北海道駒ヶ岳が大噴火を起こしました。火山噴火に対し地球物理学的な研究者、地質学的研究者が協力して、現地調査や観測を実施する最初の例となりました。この火山噴火をきっかけに大地震や火山噴火発生に対し、地震研究所の調査観測方法が確立していきました。

さらに1930年2月から3月、静岡県伊東で群発地震が発生し、現地に観

測網を設置して地震の臨時観測を実施し、海岸線に沿っての水準測量などを行い、群発地震発生に際しての対応の経験を積みました。同年 11 月 26 日には「北伊豆地震」（M7.3）が発生し、断層が出現して建設中の東海道線丹那トンネル内にずれが生じました。発光現象も認められ、すべての調査が「伊豆大震調査概要」にまとめられ報告されています。

1933 年 3 月 3 日に発生した「昭和三陸沖地震」（M8.1）では全職員が協力して北海道から東北沿岸にかけて現地調査を実施しました。すべての学術的な調査・研究成果は『地震研究所彙報別冊 1 号』として出版されました。

このように地震研究所が発足して 10 年の間に、地震、火山噴火、津波などの現象が続発し、そのたびに現地調査を重ねていくことで、これらの事象への対処方法が確立されていきました。

地震研究所では創立後すぐ、震災予防調査会が所有していた筑波山の観測所を移管して筑波支所としました。そこでは諸計器の開発やテスト、地震観測の継続などが行われていました。また地元の要望から浅間火山観測所も開設し、浅間山の火山活動の監視、噴火メカニズムの研究も継続されました。

第二次世界大戦以後は地震観測所、火山観測所、地殻変動観測所、津波観測所など合計 18 の観測所を有し、気象庁の地震観測網ではとらえられない微小地震や、火山の異常、さらには地殻変動などの観測やより精度の高い傾斜計や伸縮計などの開発、テストなどを行っています。

さらに近年は地震研究所ばかりでなく、地震観測網を有する大学の地震データをオンラインで気象庁に送り、震源決定に役立てています。

1.3 予知への期待と挫折

地震災害を防ぐ最大の方法は大地震がいつ起きるかをあらかじめ知ることです。これは震災予防調査会でも大きな目的でした。大森も今村もその目的に沿っていかに対処するか努力を続けていました。

関東大震災から 20 年が経過した 1943 年頃の日本は、第二次世界大戦の戦況が悪化を始め、最前線からの撤退を「転進」と表現としていました。この軍部のプロパガンダを、2022 年に始まったロシアのウクライナ侵攻を

写真1-3　グーテンベルク（1列目の右から2番目）来日時の様子

「戦争」と言わず、「特別軍事作戦」と糊塗するロシアのプーチン大統領の姿に重ねた日本人は少なくなかったと思います。日本国内では第4章で詳述するように「鳥取地震」（M7.2）、「東南海地震」（M7.9）、「三河地震」（M6.8）などが発生し、中部工業地帯の軍事産業が大きな被害を受けていました。そして戦後すぐに「南海地震」（M8.0）が発生しました。

　今村は1930年、東大退官後、予想される次の南海トラフ沿いの地震に備え、地震や地殻変動の観測点を和歌山県や高知県に設け、その観測網を私費と寄付とで維持していました。しかし、戦争の混乱で観測資材の調達もままならず、多くの観測点が欠測する中で1946年に南海地震が発生してしまいました。しかし、今村の地震予知への執念からか、「日本では南海地震を予測していた」との噂がGHQ（連合国最高司令官総司令部）にも届きました。1947年6月、GHQはアメリカ・カリフォルニア工科大学地震研究所のグーテンベルク教授を招いて日本の実情を調査させました（写真1-3）。調査の結果は、日本の地震観測のレベルは高いが、予知はできていないという内容でした。

　この調査が契機となり、中央気象台が世話役になり地震予知問題研究連絡委員会準備会が開かれ、学術研究会議（現在の学術会議）内の一委員会として地震予知を検討することになりました。この会議に学識経験者として出席していた今村は「自分は地震予知に生涯をささげてきて報いられることはなかったが、このような委員会が発足したことはうれしい、頑張ってほしい」

という主旨の言葉を残し、その半年後に亡くなりました。

　その後、地震予知問題研究連絡委員会は回数を重ね、研究者たちの間には地震予知研究の機運が醸成されていきました。1961 年、地震の研究者で組織している地震学会の中に「地震予知計画研究グループ」が組織され、中央気象台長の和達清夫（1902〜1995）、東京大学教授の坪井忠二（1902〜1982）、同じ東京大学教授で地震研究所の萩原尊禮（1908〜1999）が世話役に決まりました。そのグループで検討した結果は「地震予知　──その現状と推進計画」という題名の印刷物にまとめられ「ブループリント」とよばれました。

　ブループリントに基づいて、学術会議や文部省測地審議会など、いろいろなレベルでの審議を経て、日本の地震予知研究計画は関係機関が 1965 年度の概算要求に出せることになりました。日本のブループリントは英訳され外国にも配られました。アメリカは早速反応して 1964 年 3 月、東京と京都で 10 日間「日米地震予知シンポジウム」が開催されました。アメリカの地震学者たちはアメリカではとても日本のように政府が予算を付けてくれないと言って帰国したのですが、その直後の 3 月 28 日「アラスカ地震」（M8.2）が発生し、州都のアンカレッジを中心に大きな被害が出ました。この地震発生をきっかけに、アメリカ政府は地震予知研究の必要性を認めるようになりました。

　1964 年 6 月に「新潟地震」（M7.5）が起こり、1965 年には松代群発地震が発生し、1967 年まで続きました。これらの現象は地震予知研究計画には追い風でした。計画に沿って各機関や大学は観測網が充実、多くの観測点が新設され、データ処理の方法も最先端の電子計算機の導入により、大きく前進していきました。人員も増えていきました。計画は 5 年ごとに見直され継続されました。

　1976 年には「東海地震発生説」が出て、より一層世の中の地震対策が叫ばれるようになりました。1978 年 12 月 24 日から「大規模地震対策特別措置法（大震法）」が施行されました。この法律は各機関の観測データに異常が見られたら、気象庁長官の諮問機関として設置された地震の専門家で構成する「東海地震判定会」を招集し、もし地震発生の可能性が高い場合は、気

象庁長官から総理大臣に報告し「地震警戒宣言」を発するという内容でした。世界で初めて法律によって地震発生が予告されることになったのです。

　大震法施行後も計画は順調に進み、次々に新しい技術が導入されていきました。私が最も進歩したと考えるのは、データ通信の方法と処理技術です。地震観測を例にとれば、地震計の記録紙は毎日交換し、地震が記録されていればその波の到着時刻や振幅などを、観測所の職員が読み取り、データセンターへ報告していました。データセンターでは各観測所の報告データから地震の震源やメカニズムを決める作業を手作業で行っていました。1980年代になると地震計が記録した地震記録はデジタルデータとして無線、あるいは電話線などを使いデータセンターに送り、データセンターでは、地震波動の到着時間も自動的に読み取り震源を決定するようになりました。

　現在は日本列島内のどこかで人が感ずる程度の地震が起こると、すぐテレビ画面には起こった地震の震度分布が示され、地震の起こった場所や深さ、そして大きさ（マグニチュード）が表示されます（私はM3以下の小さな地震まで表示されているのを見ると、こんな地震は無視してよいのにと思います）。これは地震予知研究計画の経験の積み重ねで達成された技術です。

　観測網の整備や観測技術は進んでいましたが、地震予知研究計画の開始から30年間、目的とした東海地震も発生せず、地震予知がなされたことはありませんでした。そんな中で発生したのが1995年1月17日の兵庫県南部地震（阪神・淡路大震災、M7.3）でした。高速道路、新幹線、地下鉄などが初めて大地震の洗礼を受け、近代都市神戸が破壊されました。マスコミは「なぜ予知ができなかったのだ」と地震学者に詰問し、叱責していました。それに対し地震学者たちは反論できず、ただ耐えるだけでした。

　ここで、地震予知研究計画が目指した地震予知を明確にしておきます。

1. 予知すべき地震は太平洋側ではM8以上の巨大地震、内陸から日本海側にかけてはM7.5以上の大地震（「このくらいの大きさだと前兆現象が発生すれば事前に予測可能だろう」と考えられた。小さな地震では前兆現象が観測網に入らず予測できない可能性が高い）。

2. 時期は1週間前から2日から3日前まで、長いとパニックが起こり意

味をなさない。

3. その発生範囲は「○○県西部」という程度の正確さが必要。

　この「いつ」「どこで」「どのくらいの大きさ」の地震か起こるかを明示することが地震予知の三要素です。地震予知研究計画ではこのような基準を設けていましたが、その後、地震の専門家も含めて、「地震が起こる」と自説を発表する人たちは、このような基準を守った例を聞きません。すべて自分に都合の良い基準で予測し、「自分は地震を予知した」と述べています。兵庫県南部地震も、発生地域は地震予知研究計画の特定地域として、注意しなければならない地域の端には入っていましたが、特別に観測点を設けている地域ではありませんでした。またマグニチュードも予知しなければならないとした M7.5 よりは小さいのです。この程度の観測体制では、もし前兆現象が起きていても見逃す可能性は大きかったのです。

　地震予知には門外漢だった私の理屈では予知する基準に達していなかった阪神・淡路大震災ですが、現実に発生している被害を見て、また関東大震災以来の初めての 6000 名を超える犠牲者が出ている以上、地震学者たちはまったく弁解ができなかったのです。

　この地震が予知できなかったことから、地震予知研究に対する世論は厳しくなりました。また、政府関係者が当時の震度を十分に理解していなかったことから、気象庁は当時、体感で決めていた震度は震度計を使って「計測震度」として決めるようになりました。毎年出版されている『理科年表』（丸善出版）には、「地震関係公式諸集」の中にその詳細が解説されるようになりました。

　大震法が目的とした地震は発生していませんでしたが、関西の地震研究者たちから「大地震は切迫している」との情報が発せられました。この情報は瞬く間に広がり、マスコミに登場する防災の専門家と称する人たちまでも、まるで自分が十分理解しているような調子で、「大地震切迫説」を述べていました。21 世紀の初めはこの「大地震切迫説」が、あたかも近日中に大地震が発生するかのごとく述べられ続けられましたが、結局は西日本（南海トラフ沿い）では地震は起こらず、2011 年 3 月 11 日の「東北地方太平洋沖地

写真 1-4　東日本大震災の津波で陸に打ち上げられた漁船
（気仙沼市）

震（東日本大震災）」（M9.0）の発生となったのです。日本列島周辺で初めて記録された M9.0 の超巨大地震の発生です（写真 1-4）。

　この地震の発生直後、関東地方のテレビ局に出る地震研究者はほとんど西日本在住の人たちでした。東日本の地震研究者たちはデータの収集に多忙を極めていたのではないでしょうか。

　2 日から 3 日前まで「大地震は切迫している」と述べていた人たちが、いとも簡単に「想定外」を連発し始めました。M9 クラスの超巨大地震が日本列島で起こるとは想定していなかったというのです。私は彼らのご都合主義にあきれました。

　その第一の理由は地震の発生場所です。彼らが切迫を予想していた地震は南海トラフ沿いの地震のはずで、これはフィリピン海プレートの沈み込みによって起こる地震です。超巨大地震は三陸沖の日本海溝で起きた地震で、これは太平洋プレートの沈み込みによって起きた地震です。どちらも大地震が繰り返されてきた海域で、起きている場所が違うので、どちらに起きても想定外ではありません。

　第二の理由は M9 クラスの地震の発生です。環太平洋地震帯では M9 クラスの地震が 20 世紀の後半から 21 世紀にかけて 5 回起きています。日本付近で起きないという理由はないのです。

この「想定外」は流行語になりました。その後、気象庁の発表は想定外を言わないために、何事にも大きな網をかけるようになりました。

地震予知研究計画が発足して30年が経過した頃、阪神・淡路大震災が起こり、さらに15年以上が経過して東日本大震災が発生し、大きな災害を伴ったにもかかわらず、その発生予兆がまったく把握できなかったことに多くの地震研究者たちは絶望的になったようです。地震予知研究計画を企画立案し、推進した先輩たちのほとんどは鬼籍に入りました。現在、予知計画の最前線にいる研究者の中には、予知計画によって増えた定員枠で研究者の職を得た人もいるはずですが、地震予知のレールの上に乗り続けることを拒みました。

2017年8月26日、日本のテレビや新聞は「実際に東海地震を予知することは難しいから、事前に『警戒宣言』を発することは不可能である。大地震は突然襲ってくるからそのつもりで普段から対応するように」と報じました。事実上の方針転換で大震法は施行以来、一度もその「警戒宣言」を発することなく役目を終えました。地震研究者の中には大きな挫折感、屈辱感を味わった人も少なからずいたのです。

1.4 地震学の危機

地震学の目的は自然科学の一分野として地震現象の解明と地震災害の軽減とがあります。地震現象の解明は大学を中心とした研究者たちが担当し、その成果の上に気象庁が地震防災の可能な観測体制を構築し、日夜観測を続けています。地震学は地震発生のメカニズムを理論的に研究するという分野もありますが、どこでどんな地震活動が起こるかというような地震現象の解明には、どうしても観測が不可欠です。地震観測こそ地震学を縁の下で支えているのです。

いくつかの大学では、それぞれが立地している地域に地震計を設置した観測網を構築して、地震現象の解明を続けてきました。必要な現象を解明するために新しい器械を開発し、観測に導入して新しい知見を得る努力が重ねられてきました。

東京大学地震研究所の例を取ると、東京の本所のほかに北は宮城県江の島の津波観測所から南は宮崎県の霧島火山観測所まで合計18の付属施設をもち、データを取り続けています。その多くの観測施設に若い研究者が勤務し研究と観測を続けてきました。しかし、21世紀になりすべての施設は無人となりました。現地に人はいなくてもデータは直接東京の本所に送られるシステムができたからです。

研究者は東京でパソコンの前に座り、送られてきたデータを見て研究を続けています。観測所を無人にした最大の理由は研究者たちの研究環境です。ほとんどの観測所で研究者が一人で常駐しているため、研究について議論する機会がなかったのが、本所では常にいろいろな分野の人と議論できるのです。反面、各研究者は「地球への聴診器」である地震計などの数多くの観測機器に接する機会が激減しました。医者が聴診器を持って患者を診察する機会が大幅に減ったようなもので、自然（地震）現象への接触が減り、その解明への能力が落ちてきているのです。いまは、地球の中で起こる地震現象を、地球の息吹を感じることなく解明しようとしている研究者がほとんどになりました。序章3節で述べたように、能登半島の群発地震発生地域に隣接して活断層が存在するので、大地震が誘発される可能性に気がついた研究者がいなかったことがその一つの証です。M7.6の地震が発生した後はその発生メカニズムを大々的にメディアに発表していますが、なぜ地震発生前にその活断層で地震が発生する可能性があることを広報していなかったのか、と疑問に感じます。

同じような現象は地球科学を教育する多くの大学でも起きています。観測をしているだけでは論文が書けない、あるいは観測機器が老朽化しても予算がなく新しい機器が入らず観測できないということが起きているようです。

その最大の理由は文部科学省が発した成果主義で、3年から5年で研究成果を出さなければならないということが、若い研究者たちに無言の圧力を与えています。ある現象に着目してもその現象の解明には多くの年月が必要なことがほとんどです。地球の寿命のタイムスケールで起こる現象は、数年の観測では解明できないことが多いのです。たとえば私が「南極大陸の地震活動」の結論を得るのにおよそ30年間を要しています。

最近の地球科学の研究者はパソコンに向かい、送られてきたデータを解析して結果を出すようですが、そのデータを取得している観測機器についての知識はほとんどなく、ブラックボックスで得られたデータを、発生している周囲の状況を知ることもなく、ただなんらかの結論を出しているのです。先に示したように私はこの状況に危機感を感じています。

観測ができない、どんな機器で何を記録しているのかも十分理解できない研究者が増えてきているのです。地震予知は不可能という結論は出ていますが、それでは地震による災害はどう防ぐのか、そのためには地震の性質をもっと知る必要はないのかなど、問題は山積しています。地震学や火山学のように地球を相手にする学問のあり方を、関係者はもう一度、原点に戻って考え直してほしいと思います。

第 2 章

地震防災

2.1 地震防災は地震学の大目的

　文明開化に全力を注ぐ明治政府は欧米の科学技術を輸入する窓口として、1870年に工部省、翌1871年には文部省などの中央官庁を設け、外国から多くの科学者や技術者を招き、関係者の教育と国内の必要な組織の編成を行ってきました。1877年4月には文部省所管の東京大学が創設されました。その教官の多くも外国人で、ヨーロッパやアメリカなど本国でアカデミックな教育を受けた優秀な人たちで「御雇（外国人）教師」とよばれました。このような御雇教師は高給で合計800人にも達すると言われています。御雇教師を含め文明開化に寄与するために日本に招聘された外国人は1万人以上で、パトリック・ラフカディオ・ハーン（小泉八雲、1850〜1904）、ニコライ堂の創始者のニコライ・カサートキン（1836〜1912）、ヘボン式ローマ字を考案し明治学院を創設したジェームス・カーティス・ヘボン（1815〜1911）などがいます。

　御雇教師たちは大学出たての若い人が多く、契約年限が来ると本国に帰り、立派な業績を上げ、それぞれの分野で権威になり、科学史にも名を遺す人たちでした。その教育を受ける日本の学生も最初の頃は各藩から選ばれた学生が多く、優秀な人材が育ち、日本の科学技術の基礎が築かれていきました。

　地震学もまた、その範疇に入ります。御雇教師たちが来日してまず驚いたのは地震の多さでした。イタリア人以外はほとんど本国では地震を経験していない人たちのため、自然科学に興味のある人たちは当然その現象の解明を試みようとしています。日本で初めて地震観測を試みたのはグイド・フル

ベッキ（1830〜1898）でした。

　フルベッキはオランダ人ながらアメリカの神学校でも学び、在米中にオランダが募集した3名の宣教師の一人として来日、当時の日本の外国との窓口だった長崎に滞在していました。長崎では大山巌、大隈重信らに英語を教え、のちに大隈重信は彼の支援のもと佐賀藩に洋学校を立ち上げています。また多くの人を洗礼したり、アメリカ留学を希望する若者のために紹介状を書いたりしています。彼の名声を聞いた加賀、薩摩、土佐、肥前各藩より招待を受け、土佐藩の招聘の使者は岩崎弥太郎でした。それぞれの藩での藩士の教育などに多くの助言をしています。

　1867年11月9日に大政奉還となり、翌1868年1月3日王政が復古したのを機に、1869年3月、フルベッキは江戸（東京）に移住、以後明治政府のコンサルタントとして活躍しています。その間には岩倉具視、大久保利通、伊藤博文ら明治政府の高官への助言、さらに英語教育のほか教育、行政、法律など、新政府が形を整えるいろいろな手助けを続けていました。1870年、その設立にも協力した大学南校（東京大学の前身）の教頭に就任しています。

　彼は教頭として教育全般に携わり、英語はもちろん数学などを教えていた1872年から翌年にかけて、地震計を製作し地震観測を試みました。私の指導教官だった萩原尊禮によれば地震計の設計図も残っておらず、観測は結局成功しませんでしたが、これが日本における最初の地震観測とされ、『理科年表』（丸善出版）にも「地震学上のおもな出来事」として記載されています。まさかこの観測がうまくゆかなかったからではないとは思いますが、フルベッキは1873年神経衰弱となり、その療養のため同年4月16日、横浜を出港しイギリスに向かいました。南校の教頭職は同年9月に解雇されましたが、日本へ戻ってからも南校や明治学院などで教師、宣教師として活躍しました。

　1874年に工部省測量司（現在の国土地理院の前身）が測量教師としてイギリスから招聘したシャボーに、イタリアのパルミエル地震計を購入し持参させました。この地震計はルイギ・パルミエリにより1856年頃にベスビオ火山の地震観測用に開発された器械です。来日後、シャボーは持参した地震

計を赤坂葵町の官舎に設置して観測を継続し、1876 年から 8 年間の観測記録が残されていますが、萩原によるとこの地震計も波動を記録するというよりも、地震の発生時刻や地面が動いたことを記録する程度の器械でした。

　本格的な地震への挑戦は 1880 年 2 月 22 日、現在は「横浜地震」（M5.5 から M6）とよばれている地震の発生が契機となりました。横浜でレンガづくりの建物が破壊され、煙突が折れ、墓石が転倒するなどの被害が出て、御雇教師たちの関心をひき起こしました。工部省工学寮（帝国大学工科大学さらに現在の東京大学工学部の前身）の御雇教師として招聘され 1876 年に来日し、冶金学、鉱物学など鉱山関係の指導者として赤坂に居住していたジョン・ミルン（1850〜1913）は来日直後から地震を感じ、自宅の柱に振り子を吊るして地震時の動きを観察するなど興味を示し続けていました。彼は横浜地震を体験してより科学的な調査の必要性を感じていました。

　また 1878 年に来日、東京大学理学部機械工学の御雇教師として来日していたジェームズ・アルフレッド・ユーイング（1855〜1935）も地震の科学的な調査の必要性を感じている一人でした。ユーイングは物理学も講義し、田中館愛橘、長岡半太郎らもその講義を受けています。

　ミルンは工部省、文部省、東京大学などの首脳と相談し、地震学を研究するため地震学会を創設することを企画、1880 年 4 月 26 日、神田の東京大学の講堂で、地震学会の発会式を行いました。参加者はミルンやユーイングらの御雇教師や東京大学の教授陣など総勢百数十名でした。その中には地震学の発展に大きな貢献をすることになる菊池大麓やのちに東京帝国大学総長になる物理学の山川健次郎なども含まれます。

　会の初代会長には出席した会員の投票で服部一三（1851〜1929）が選ばれました。服部は山口藩士の出で、アメリカ留学経験があり、帰国後は文部省をはじめ官界を歩んだ理学部出身の人でした。帰国後の 1879 年、「日本に起こった破壊的地震」という論文を日本アジア協会で発表しています。服部は中国の『後漢書』の記述に基づき、張 衡地動儀を画工に描かせています。小さな球を口に加えた小さな龍の首が 8 頭円筒に並び、その下に落ちてくる球を受けるカエルが並ぶ地動議は、張衡（78〜139）によって 132 年に発明されたものです（写真 2-1）。

写真 2-1　復元した張衡地動儀

　その副会長にはミルンが選ばれました。ミルンはその開会の基調講演で「地震学の研究目的は震災の軽減で、そのためには地震発生時の警報システムを構築し、地震予知を実現させる」と述べています。地震予知が最終目的ではあるものの、注目すべきは警報システムで、地震が発生したらその初動（P波あるいは縦波）を観測し、続いて大揺れがきそうな地震ではすぐ警報を出すというシステムを提案したのです。彼のこの考えは現在、気象庁による「緊急地震速報」として実現されていますが、ミルンが期待したほどの効果がないことは、現状を見ればすぐ理解できると思います。しかしこのようにして日本は、世界に先駆けて地震予知の実現に向けて動き出したのです。

　ミルンやユーイングは地震現象の解明のために、その動きを記録する地震計の開発から始めました。東京大学はユーイングのために地震学実験所を神田に設け、自身の開発した地震計を設置して観測を始めました。ユーイングの助手として理学部出身でイギリス留学の経験のある関谷清景が採用されました。関谷はイギリス留学中に菊池と親しくなっていましたが、後年理学部教授になりました。

　ユーイングは1883年イギリスに帰国しましたが、そのとき関谷に向けて「関谷が地震計のすべてを理解し自分に、協力してくれたので研究が進んだ。

彼に後事を託すが、立派な後継者であり、後顧の憂いなく帰国できる」と感謝と賛辞を送りました。関谷はミルンから地震に関する知識を受け継ぎ、1884年に発行された『日本地震学会報告　第一冊』には関谷が翻訳したミルンの地震学会設立の基調講演が掲載されています。

　1885年に東京大学が神田一ツ橋から本郷に移転し、それに伴い地震学実験所も本郷に移り、現在も地震観測は継続されています。1886年の帝国大学令により東京大学は帝国大学と改称し、理科大学、工科大学、医科大学、文化大学、法科大学の5分科大学と一つの大学院で構成されました。そして菊池は帝国大学理科大学の学長に就任しました。

　その後、地震学実験所は地震学教室になり、関谷は教授に昇進し初代の地震学教室主任になりました。同じ頃、内務省の地理局に験震課が設けられ、関谷はその課長にもなり、日本の地震研究と観測業務のすべてを背負うことになったのです。また、そのときからミルンも理科、工科の枠を超え自由に地震学教室に出入りするようになりました。

　関谷はユーイングの発案で、その頃ほぼ全国に設けられつつあった測候所に地震を感じたら報告させるシステムをつくりました。地震計のほとんどない時代、関谷は揺れの強さを微震、弱震、強震、烈震の4段階を体感によって決める「震度階」を創案し、『地震報告者心得』を作成・配布し、その制度の統一性を図りました。この震度階は1897年まで使用されました。

　1887年9月、大森房吉が東京大学理科大学に入学して物理学を専攻しています。特別待遇の進級を重ねた大森は1890年物理学科を卒業し大学院に進学し地震学と気象学を専攻していました。またこの年、菊池は貴族院勅選議員に就任しています。東京浅草には凌雲閣が完成、「十二階」とよばれたこの建物は関東大震災で崩壊するまで浅草の名所となりました。

　1891年7月、結核で療養期間が多かった関谷を助けるために、大森は22歳で帝国大学理科大学の助手嘱託になりました。関谷はこの年大森との共著で「地上と穴中に於ける地震の強弱の関係」（1891年に『帝国大学理科大学紀要　第四冊第二号』、1892年に『日本地震学会欧文報告　第16巻』）という論文を書いています。結果的にはこの論文が関谷の最後の論文になりました。1891年8月、関谷は病気療養中にもかかわらず理学博士の学位を授与

写真 2-2　岐阜県根尾谷に現れた水鳥断層

されています。日本の大学院制度の草創期で、博士号の価値が現在の制度よりはるかに高い時代です。また同年、今村明恒が帝国大学理科大学に入学しました。

　1891 年 10 月 28 日午前 6 時 37 分、岐阜県を中心に大地震が発生しました。後日「濃尾地震」(M8.0) とよばれるこの地震は現在でも日本列島内陸に起きた唯一の M8 クラスの巨大地震で、有感半径は 880 km、震源地は岐阜市の北 20 km の地点にある根尾谷付近と推定されました。根尾谷では上下方向のずれが 6 m、断層に向かって立つと相手側が水平方向左へ（ここでは西へ）2 m ずれた断層が発見され、後日、水鳥断層とよばれ、根尾谷断層として特別天然記念物にも指定されました（写真 2-2）。

　帝国大学で病気療養中の関谷に代わり、調査の総指揮を執ったのは大森でした。大森は菊池の数学の授業を受けるべく、教室に待機していた今村を呼び出し、震源地までの交通事情や現地の様子を調べることを命じました。今村は名古屋までは開通したばかりの東海道線で行き、そこからは歩いて岐阜に到着したそうです。

　現地調査に参加した地質学者の小藤文次郎（1856～1935）は、出現した断層を見て「断層が動いたので地震が起きた」と看破しました。しかし日本の地震研究者たちは、その後も断層は地震の結果生じると、地震後に認めら

れた断層を「地震断層」とよんでいました。「断層が地震の親」と認識されるようになったのは、昭和の後半になって出された地震研究所の丸山卓男（1934〜2019）の「食い違いの弾性論」によってです。

　現地調査は理科大学ばかりでなく、工科大学からも多くの教官が参加して実施され、日本としては初めて本格的な調査が行われた地震でした。このときの知見は現在でも活かされています。

　今村は帰京後、当然自分も調査に参加できると考えていたようですが、大森は彼に留守番を命じました。大地震の災害を垣間見てきた今村は、地震現象の解明が心の底に焼き付いたようですが、現地調査に参加できなかった恨みを生涯持ち続けていたと推察されています。

2.2 震災予防調査会の設立

　帝国大学理科大学学長の菊池は現地調査から帰京した田中館愛橘や小藤文次郎らの報告を聞き、愕然としたようです。特に近代的と考えられていた長良川鉄橋や多くの欧米風の建物が被害を受け、欧米化を目指して進み続けていた明治政府にとっても大きな衝撃だったのでしょう。

　菊池は早速貴族院に「震災予防に関する問題講究のため地震取調局を設置し、若くは取調委員を組織するの建議案」を提出、貴族院はこれを可決して貴族院議長の名で内閣総理大臣に建議しています。内閣総理大臣より意見の聴取があり、文部大臣が賛成の意見書を提出したのが1892年2月6日、5人の設置委員会の任命が3月2日でした。設置委員会は協議を重ね成案をつくり第三期帝国議会に提出しました。

　当時は軍備拡張が近々の課題であり、濃尾地震で大災害が起きているにもかかわらず、それに興味関心を示す議員は多くはなかったのでしょう。衆議院では否決されましたが両院協議会で取り上げられ、6月25日、勅令第五十五号で震災予防調査会の管制が発令されました。その目的の第一条は「震災予防調査会は、文部大臣の監督に属し、震災予防に関する事項を攻究し、其の施行方法を審議す」とあります。続いて7月14日付で次の委員が発令されました。

会長：東京大学総長　加藤弘之

委員：理科大学教授　菊池大麓、内務省土木局長　古市公威、理科大学教授　小藤文次郎、工科大学教授　辰野金吾、非職理科大学教授　関谷清景、農商務省技師　巨智部忠承、理科大学教授　田中館愛橘、中央気象台技師　中村精男、理科大学教授　長岡半太郎、工科大学教授　田辺朔郎、理科大学助手　大森房吉

　ちなみに大森以外は全員が理学博士か工学博士の号を有し、会の幹事には菊池が指名されました。このとき、関谷は神戸で療養中でした。会に出席できるかどうかもわからない状況でしたが、地震の専門家を委員に入れないわけにはいかないので非職として加え、助手の大森を委員にしたのでしょう。ミルンも委員に加わりましたがすぐ辞任しています。菊池と意見が合わなかったと言われています。

　翌 1893 年、会長に菊池が就任し、大森は帝国大学理科大学講師（地震学講座担当）に任命されています。当時、菊池は震災予防調査会の大きな目的の一つとして、「地震と関係ありそうな物理学的現象を調査して、地震との関係を調べ究極の目的である地震予知への助けとする」と明記しています。

　関谷が病療養中であったことも影響し、当時の委員会の活動は活発ではありませんでした。そんな中で 1894 年 3 月 28 日に開催された第 7 回委員会で、次のような研究題目を担当するようになりました。

古来の大震に係る調査（すなわち地震史を編纂する件）、
主任研究員・関谷清景

　会の活動では多くの成果が得られていますが、その中の最大の成果と多くの地震研究者たちに評価されているのが『大日本地震史料』の編纂でした。そしてその原点は関谷が担当するという上記の決定です。関谷は当時の東京大学史料編纂掛（現在の史料編纂所の前身）の田山実（小説家・田山花袋の実弟）を嘱託とし、自身が監督する形で、集積している資料の中から地震に関する記事を拾い出したものです。古くは允恭天皇 5 年（416 年）から慶應

元年（1865 年）に及んでいます。

1895 年、ミルンは 19 年間に及ぶ日本での御雇教師生活にピリオドを打ち、トネ夫人を伴い帰国しました。帰国後南イングランドに面したイギリス海峡のワイト島に住み、地震観測を継続するとともに、地球上に点在するイギリス植民地での地震観測に力を注ぎました。1901 年から 1904 年、英国南極探検隊長として、南極ロス島で越冬したロバート・スコット（1868〜1912）は出発前にミルンを訪ね、南極で地震観測をするために教えを受けています。ミルンの地震観測への情熱は 20 世紀初頭には南極にまで広がっていたのです。

大森もミルンの後を追うように同じ 1895 年に欧州へ留学、翌年の 1896 年 1 月 8 日に関谷が結核のため亡くなりました。

1897 年京都大学が設立され、帝国大学は東京帝国大学に改称されました。同年 11 月 24 日、大森は 2 年間の留学を終えて帰国し、12 月 7 日には弱冠 29 歳で東京帝国大学理科大学の教授となり、故関谷清景教授の跡を継いで地震学教室の主任教授に就任しました。

そして大森の震災予防調査会での本格的な活動が始まりました。大森は地震が一つ発生すると一編の論文を書くと言われるほど熱心に地震現象の解明を続け、のちに「大森地震学」とよばれる形態ができあがりました。すでに書いたようにその呼び名は、長岡半太郎のような理論物理学の専門家からは地震の弾性論的な研究不足を指摘されますが、当時は地震という現象がよくわからない時代でしたので、現象の記載分類がその第一歩でした。後進の私たちは大森地震学のおかげで、地震が起こるとその地震像を比較的容易に得られるようになっています。

大森は関谷が残した『大日本地震史料』をさらに整理し、関谷の名前で『東洋学芸誌』に投稿しています。そして『震災予防調査会報告　第八十八号（乙）』に（本邦大地震概表）の副題で発表しています。その最初のページには以下の挨拶文があります。

「本邦大地震概表を編纂し報告第八十八号乙となし謹んで進達す

大正八年一月

震災予防調査会会長事務取扱　理学博士　大森房吉

文部大臣　中橋徳五郎　殿」

※ひらがなは原文ではカタカナ

　なお『大日本地震史料』は昭和になってから武者金吉により大増補され、『増訂大日本地震史料』として第一巻から第三巻まで刊行されています。

　同じく日本の火山活動についても、大正7年1月『震災予防調査会報告第八十六号』（日本噴火志上編）として文部大臣岡田良平宛提出されています。また日本噴火志下編は大正7年8月、やはり『震災予防調査会報告　第八十七号』として提出されました。この2つの成果によって私たちは、日本列島の過去の地震活動や火山活動を容易に知ることができます。

　震災予防調査会での大森の活動は『火山噴火志』でもわかるように、地震ばかりでなく火山にも向かいました。1910年の有珠山の噴火では、明治新山（四十三山）が出現しましたが、大森が現地に行き、火山活動に初めて地球物理学的手法を取り入れ調査をしています。

　1911年には地元長野県からの要望で、浅間山の火山観測にも着手しました。浅間山の山頂から西に2.3 km離れた標高1947 mの地点に観測所を設け、夏の間だけ観測を開始しました。日本初の火山観測所です。この観測所はその後気象庁の軽井沢測候所へと発展しました。

　1914年1月11日から始まった桜島の火山噴火でも、大森はすぐ鹿児島に入り、対岸から噴火を眺め「美しい」とその様子を表現しています。この噴火により東側に流れ出した溶岩は対岸の大隅半島まで達し、桜島が半島と接合し島ではなくなりました。この噴火では大森自身数多くの写真を残しています。

　1915年2月、日本アルプスの焼岳が噴火を始めました。その前から大森は上高地に入り焼岳の活動に注視していたようですが、6月の泥流で大正池が出現しました。このときも大森は上高地に入り、写真を残しています。

　大森は火山噴火の撮影をして、噴火の姿を後世に伝えた日本では最初の人かもしれません。このように震災予防調査会の活動は、地震学ばかりでなく広く火山学にも及んでいます。

2.3 大森と今村の責任感

　大森は東京帝国大学理科大学地震学講座の主任教授として、また震災予防調査会委員として、文字通り八面六臂の活躍をしていました。『震災予防調査会報告』の各号へは必ずと言えるほど論文を投稿していました。

　1900年2月2日、大森は京都帝国大学理工科大学地震学講師嘱託を、また11月13日、中央気象台気象観測練習会の地震学講授嘱託をそれぞれ命ぜられています。東大教授としてほかの機関の教育にも参加するようになったのです。

　同年31歳の今村が東京帝国大学理科大学地震学教室の助教授に就任しました。本職は陸軍幼年学校の教官で、地震学教室の方は無給の兼務でした。1923年に大森の跡を継ぐまでの20年以上も、いわゆる万年助教授でした。地震学教室に顔を出すのは土曜日の午後で、一部の人からは「大森と顔を合わせたくないからだ」と噂されていたようですが、本業がある以上はそちらを優先するのは当然だったでしょう。

　今村の地震学上の業績で顕著なのは地殻変動と地震発生との関係解明でした。特に陸軍陸地測量部に依頼して遠州灘付近の水準測量を実施中、通常は一定の値に落ち着く測量結果が、大きくずれ、測量技師たちが不思議に思っているときに1944年の「東南海地震」（M7.9）が発生した話は、むしろ彼の死後に評価されました。そして直前の地殻変動の検出が地震予知の重要な手法と考えられました。

　私は個人的には1872年の浜田地震を、地震発生から30年以上も経過してから調査して、地震発生前にすでに地殻が隆起していた事実、地震発生後には地殻が隆起した結果として名勝「石見畳ヶ浦」が形成されたことなどを論文として残しておいてくれたことに、尊敬と感謝を示し続けています。論文の発表は地震発生から40年後ですが、1913年、『震災予防調査会報告第七十七号』に「明治五年の浜田地震」として発表しています。地殻変動と地震発生の関係に興味をもっていた結果だと思います（写真2-3）。

　今村の最後の学生だった萩原（前出）から、東大の地震学科に入学して希望に満ちた教室で初めての訓示が、「地震学では飯は食えないぞ、いやなら

写真 2-3　1872 年の浜田地震で隆起した石見畳ヶ浦（満潮時）

すぐ辞めろ」と言われショックを受けたと、繰り返し聞かされました。また非常に記憶力が良く、『大日本地震史料』の内容をほとんど暗記していたそうです。おそらく今村の頭の中には日本列島の震央分布図が描かれていたのではないでしょうか。

　大森、今村らの努力で、震災予防調査会の活動も順調に進行し、日本の地震学は着実に進歩を続けていました。ところが 1905 年、今村が雑誌に投稿したことにより、「東京大地震襲来説」の噂が流布し世の中に混乱が生じたのです。

　今村は 1905 年 9 月大衆雑誌『太陽』（博文館）に「市街地に於る地震の生命及財産に対する損害を軽減する簡法」という題名の文章を寄稿しました。

　今村は過去に起きた地震で火災が発生すると災害が増大していたと説き、将来の東京に起こると想定される大地震は「安政の江戸地震」程度の被害が起こると述べています。そして災害を少なくするには建物の耐震化とともに、各家庭の石油ランプを電灯に替えることを提言しています。読者もその主張を素直に受け入れていたのでしょう。

　ところが 1906 年 1 月 16 日、『東京二六新聞』が「今村博士の説き出せる大地震襲来説、東京市大罹災の豫言」というタイトルで、今村の大地震発生予測と被害想定だけを取り上げました。その年が丙午であることに絡めて大

きく報道したので、これに不安を覚える人々が出てきました。

　今村は大森のすすめもあって、同紙に「主旨は石油ランプを電灯に替えようという提案であった」との声明書を掲載しました。また当時の有力新聞が『東京二六新聞』の記事を厳しく批判したこともあり、この騒ぎは沈静化しました。

　ところが 2 月 23 日、房総半島沖で M6.3、24 日午前 9 時頃に東京湾で M6.4 の地震が発生し、周辺の都市で小さな被害が出ました。また「24 日午後 3 時から 5 時の間に大地震が起こると中央気象台が発表した」と偽電話が流れ、市中は官憲が取り締まる必要にまで騒ぎが大きくなったのです。ただしこの 1906 年 2 月 23 日、24 日の地震は『理科年表』（丸善出版）には掲載されていません。その程度の地震だったのです。大森と今村は同じように地震発生を考え、震災予防には石油ランプを電灯に代えること、また、火災の消火に必要な水道の整備などを提唱していましたが、この事件後、大森は教授としての立場もあってか今村の説に異論を唱えるようになりました。

　3 月号の『太陽』に「東京と大地震の浮説」として、「不完全な統計から、将来の大地震発生を予知できない」としています。マグニチュードのない時代、今村は地震の大きさを選別するのに死者数を使っていました。死者が 1000 名前後を超えると大地震で、そのような地震は江戸（東京）では慶安 2 年 6 月 21 日（1649 年 7 月 30 日）の地震（M7.0）、1703 年（元禄 16 年）12 月 31 日「元禄関東地震」（M7.9 から M8.2）、1855 年（安政 2 年）11 月 11 日「安政の江戸地震」（M7.0 から M7.1）の 3 回としています。この 3 回の地震の発生間隔 54 年と 152 年から、今村は江戸ではおよそ 100 年の間隔で大地震が発生している、安政の地震から 50 年が経過しているからそろそろ注意した方が良いと考えていたのでしょう。ただ今村は 1894 年に発生した「東京地震」（M7.0）は考慮に入っていなかったようです。この地震は「安政の江戸地震」とともに東京直下地震でマグニチュードもほぼ同じと推定されています。しかし当時、今村が地震の大きさの指標に使った犠牲者数は「東京地震」では 30 名程度と 2 桁でしたので、大地震とは考えていなかったようです。

　これに対して大森は元禄の地震は現在では「元禄関東地震」とよばれるよ

うに、震害が小田原方面で多いことから、海で起きた地震であり、東京の地震とは区別すべきと考えていました。このとき大森の頭の中には、現在の研究者の頭の中にある「関東地震はフィリピン海プレートとよばれる海洋プレートの地震、安政の江戸地震は東京直下地震で北アメリカプレートという陸のプレート内の地震」という区別が芽生えていたと推測できます。研究者同士ならお互いに話し合える問題ですが、世の中に広がって炎上してしまったのです。

　同じような騒ぎは、大正時代にもう一度起きています。1915 年 11 月 10 日、京都御所で大正天皇の即位式が挙行され、大森は菊池とともに出席し、京都に滞在していました。このとき、千葉県中部から沖合にかけ群発地震が発生しました。地震は 11 月 12 日早朝から始まり、17 日まで続きました。13 日には 8 時 19 分（M6.7）、23 時 29 分（M7.5）の地震が続いて発生し、房総半島でも小規模の崖崩れ、横浜では煙突の折損などの被害が出ました。地震学教室の地震計は全期間で 64 回の地震を記録していました。群発地震ですが『理科年表』（丸善出版）では「房総沖地震」と命名されています。

　留守を預かる今村は細心の注意を払って記者会見をしたでしょう。地震発生の経過を説明した後、「九分九厘安全と思うが、十分に注意して火の元の安全などに注意してほしい」という趣旨の発言をしています。きわめて的を射た表現で、今日の気象庁も地震が発生するたびにこのような発表を繰り返しています。ところが世の中は「火の元の用心」に反応して戸外で寝る人まで現れたのです。幸い地震は 18 日には沈静化し、世の中も平静を取り戻したようです。

　大森は 20 日に帰京して今村から報告を受けましたが、「群発地震であって、大地震の前触れでないのだから、そのように明言すべきだった」と叱責したそうです。この出来事により大森と今村の 2 人の溝はさらに深まったようです。

　これより少し前の 9 月、大森はスウェーデン王立科学アカデミーノーベル物理学賞委員会から 1916 年度の物理学のノーベル賞候補に選出され、論文提出を要請する招請状を受け取っています。大森が発明した地震計を設置した観測点で、遠方に起こった地震の観測や波形の観測で次々に成果を上げて

いる点が評価されたのでしょう。しかし、大森はこれには反応しなかったようです。1949 年、京都大学の湯川秀樹が日本人初のノーベル賞を受賞する 30 年以上も前の話です。

　大森は菊池会長の下で長い間、震災予防調査会の幹事をしていました。1919 年に菊池が脳溢血で急逝したので、9 月 8 日、震災予防調査会会長事務取扱になりました。大森は生涯その地位のままでしたが、菊池の功績と自身の成果を考えて、あえて「取扱」のままだったのではないかと想像しています。

　大森の時代、中央気象台は文部省の傘下でした。そして中央気象台の地震観測は関谷以来の伝統で、東京帝国大学理学部地震学教室が指導してきました。地震が起きれば気象台では、その記録を読み取り大森に報告し、大森はそのデータを基に記者団に地震の震源地を発表するのが恒例でした。

　1921 年 12 月 8 日、深夜東京に強震があり、当直の地震掛が電報で各地から知らせてきた情報を基に震源地を霞ヶ浦と決め、それをまだ地震課では経験の浅かった担当者が新聞に発表してしまいました。一方、大森が震源地を鹿島灘と発表したので翌日から新聞が騒ぎ出しました。東京大学と気象台の震源地争いの始まりです。この地震は現在「竜ヶ崎地震」（M6.8）と命名されており、茨城県と千葉県の県境付近に発生したと考えられています。当時の地震の震源決定精度から考えて、この論争は誤差の範囲のことですが新聞はこぞって書き立てたのです。

　当時の中央気象台長の岡田武松は地震の震源決定のような定常的な仕事は気象台でもできると、地震掛を督励し震源決定を業務として始め記者発表もするようになりました。東京大学の発表との間に食い違いがあるたびに話題になりました。この震源決定の争いは今村が教授に昇格し、定年まで続いたそうです。

　大森不在中の東京での大地震発生で、震災予防調査会の調査の指揮を執った今村は、すでに述べたように 1 年半後にその報告を発表しています。その報告の最初は次の内容です。タイトルはこれまでと同じ『震災予防調査会報告　第百号』で『関東地震調査報文』の副題があります。一部重複しますが、全文を示しておきます。

大正十二年九月一日の関東大震火災に関し本会委員及嘱託員に於て其
の調査の歩を進め爾来一年有半の日子を費して得たる資料は実に予想以
上の浩瀚なるものとなりたり依て之を地震編（甲）、地変及津波編
（乙）、建築物編（丙）、建築物以外の工作物編（丁）、火災編（戊）の五
部門に分ち共に報告書第百号と為して編纂し茲に其の地震編（甲）成る
を以て謹て進達す

　　大正十四年三月

　　　　　　　　　　　　震災予防調査会幹事　今村明恒
　　　　　　　　　　　文部大臣　岡田良平　殿
　　　　　　　　　　　※ひらがなは原文ではカタカナ

　菊池の貴族院への発議で始まり、長い間その幹事を務めた大森房吉に牽引
された震災予防調査会は、この今村の最後の報告書刊行により33年の幕を
閉じたのです。
　今村は1905年の『太陽』への投稿以来、大地震発生への注意を啓発し続
けていました。関東大震災発生後、世の中は今村を「地震を予知した大先
生」、大森を「地震を予知できなかった駄目先生」と評しました。しかし、
私は今村が関東地震を予知したとは考えていません。地震は必ず起きるの
で、「起きる」、「起きる」と言えばいつかは当たるのです。私が今村を尊敬
するのはその執念です。今村はテレビもなく、ラジオも普及していなかった
時代、地震の危険性をレコードに吹き込み、啓発を続けています。格調高い
その音声と内容は当時の人々の注意を、十分に喚起させたと思います。この
話は第3章でも述べます。
　先にも触れましたが今村は1930年、東京帝国大学理学部教授を退官しま
したが、その後、次の東南海地震、南海地震に備え和歌山県や四国南端に私
費と寄付金で地震観測網を構築し観測を続けていました。太平洋戦争の末
期、観測資材も十分でなく、器械が故障しても修理にも行けない状態の中
で、1944年に「東南海地震」（M7.9）、1946年には「南海地震」（M8.2）が
発生しました。この地震の発生で今村はまたもや「地震を予知した大先生」

写真 2-4　1946 年に昭和の南海地震で津波に襲われた高知県中村付近の海岸

と評価されました（写真 2-4）。

この噂を知った GHQ は第 1 章 3 節で述べたように、中央気象台に日本では地震予知ができるというが本当かとの問い合わせるとともに、その調査のためにアメリカ・カリフォルニア工科大学地震研究所のグーテンベルク教授が派遣されてきました。その後のグーテンベルクの報告は「日本の地震観測のレベルは高いがまだ地震を予知するレベルではない。遠い将来は可能になるが、そのための計画は中央気象台、地震研究所、国土地理院などが協力し、観測機器の開発や観測網の構築が必要である」という内容でした。

このような背景があって日本国内でも地震予知研究連絡委員会を組織する計画が進行していました。1947 年 7 月 10 日に開かれたその準備委員会の席上で、学識経験者として出席していた今村は挨拶を述べています（第 1 章 3 節参照）。

今村は 1948 年元旦に亡くなりました。それから間もなく地震予知研究連絡委員会が学術研究会議（現在の学術会議）傘下で発足しました。

第 3 章
地震発生予測

3.1 地震予知・予測の現実

　すでに第1章3節で述べたように1965年に地震予知研究計画の発足に際し、「地震予知」の目標、定義は明確に決められていました。「地震を予知する」ということは「いつ、どこで、どのくらいの大きさ」の3要素を明示しなければなりません。ところがこの3要素を理解し、それに沿って地震の発生を語る研究者はほとんどいませんでした。予知研究に携わっている研究者は理解していたと思いますが、地震研究者あるいは地震学会会員に名を連ねている人は、ただ「大きな地震が発生しそうだ」と自説を述べるのが地震予知だと考えている人が少なくなかったと思います。

　1970年前後、地震学会には多くの「街の科学者」が入会し、自説を発表していました。地震学会は開かれた学会のため、所定の手続きを経れば誰でも入会できました。「街の科学者」とは地震研究をしている機関や学校などには所属せず、自営で仕事をして、片手間あるいは趣味で地震を勉強、考えている人たちを意味します。

　会員になれば誰でも春秋の大会で自分の研究成果を発表できます。発表した人は世の中に自分の研究は地震学会で発表したと話します。実状を知らない人は、その話を聞いて、地震学会で発表したのだからその人の研究は立派なのだろうと錯覚します。じつはその点が問題なのです。

　当時私は地震学会の庶務主任をしていて、会員の増加とともに年2回春と秋に行われる大会での発表数も多くなり、そのプログラムの編成に苦労していました。私たち専門家の無知で萌芽的な立派な研究を無視してはならないことを肝に銘じて、いろいろ調整しました。1960年頃は、大会での発表は

50 第3章 地震発生予測

一人のもち時間が質問も含めて 15 分から 20 分取れましたが、1970 年頃に
なると 10 分から 15 分と短くなりました。質問時間も短くなり、十分な討
論はできず、興味のある課題については休憩時間にその発表者に質問しなけ
ればならない状態でした。私は立場上、地震予知に関係ありそうな場合には
街の科学者の発表も聞いていました。ある人の発表を理解できないながらも
聞いていたら最後に「したがってアインシュタインの相対性理論は否定され
ます」と言われ、「これはダメだ」と唖然としたことがあります。このよう
に街の科学者の「地震予知」への正確な知識はほとんどありませんでした。

1975 年、中国で「海城地震」の予知に成功したニュースが流れると、地
震予知のブームはさらに拡大していきました。特に井戸水の水位変化の観測
を継続して予知に成功したとの話から、日本中のあちこちの井戸で水位変化
が測定されました。またその結果が地震学会で発表されるという繰り返しで
したが、そのブームも一時的なものでした。

1976 年には「東海地震発生説」が発表され、震源域に面し津波のおそれ
がある相模湾付近から遠州灘、伊勢湾沿岸地域では大騒ぎとなり、海底地震
計が設置されるなど対象地域の地震観測や対策は大きく前進したことは確か
です。この発表でも「東海沖で大地震が起きる」とは言っても「いつ」は明
言していません。できないのです。それから 20 年ぐらいが経過した 20 世
紀の終わり頃、ある県の地震対策の責任者を務めた人が定年になるというの
で、その労をねぎらったとき、彼は「東海地震はすぐにでも起きると言われ
頑張ってきたが地震は起きなかった、この 20 年の私の努力はなんだったの
かと思います」と嘆いていました。私は「あなたの残したものは必ず後輩が
引き継ぎますよ」と言うのがやっとでした。

この頃成立したのが「大規模地震対策特別措置法（大震法）」でした。大
地震発生の兆候が観測されたら総理大臣の名で「警戒宣言」を発するという
世界で初めての法律です。この法律の制定には私が助手の頃教授だった世代
の先生たちが立役者でした。横目で見ながら大丈夫かなとの懸念はありまし
たが、私自身は地震予知研究から離れた立場にいましたので眺めるだけでし
た。当時の地震予知には勢いがあったと思います。法律はできましたが、実
際に目的とする地震も起きず、「警戒宣言」が出されることもなく、平穏に

時間は過ぎてゆきました。

地震研究者たちの平穏な研究環境を破ったのは、1995年の「兵庫県南部地震」（阪神・淡路大震災、M7.3）の発生です。新幹線、高速道路、地下鉄、高層ビルなど神戸という近代都市が自然の猛威に完膚なきまでに壊滅させられたのです。テレビに出る地震学者は「なぜ予知できなかったのか」との司会者の問いに、まともに答えられていませんでした。地震予知研究計画が発足して30年、当然国民は成果を期待します。私は地震予知の実状をもっと説明すべきと思いながらテレビを見ていました。

屁理屈にはなりますが、まずこの地震は予知計画で予知しなければと考えていた内陸地震のM7.5より小さいのです。その前兆現象が起きる範囲が狭い可能性はあります。また、神戸は地震発生の可能性がある地域には指定されていましたが、特別に地震計や傾斜計を備えた観測点を設置するなどの観測はなされていませんでした。この地震が東海地震の発生域で起きたなら、これだけ観測を強化したのに予知できないのかと批判されるのは仕方ありません。ところが、神戸市や淡路島はその範疇には入っていませんでした。

この地震の後、西日本の一部の研究者によって「大地震切迫説」が発せられ続けました。私は21世紀の初め、地震学会での彼らの発表に対して、次の質問をしました。

「あなた方が切迫説を言うようになって7年から8年が経過しています。講演などで切迫の期間を聞くとほとんどの人は10年では長すぎると言います。切迫という言葉は、もう限界ではないですか？　オオカミ少年ではありませんか」

この問いに対しては「一般の人々はかなり強く言わないと理解しないので、このように言い続けています」という答えでした。

大地震切迫説はもちろん地震予知の3要素を満たしていません。たぶん南海トラフ沿いの「南海地震」を想定していると思いますが、テレビでの説明を聞く限り、すべてあいまいで、いたずらに大地震が起こることを強調する態度には嫌悪を感じていました。地震研究者たちの受け売りと思われます

が、防災の専門家を自称する人たちも同じでした。地震予知をどこまで理解しているのかわかりませんが、彼らは「切迫しているから備えろ」を強調していました。

2011年3月11日、「東北地方太平洋沖地震（東日本大震災）」（M9.0）が発生しました。東日本の地震学者たちは忙しいのか、テレビに出る地震学者は西日本在住の人が多かったようです。つい数日前、テレビに出て大地震切迫説を語っていた人が、「想定外」を言い始めました。私にとっても最も起きてほしくないM9.0の超巨大地震でした。でも想定外ではありません。日本を含む環太平洋地震帯ではM9クラスの超巨大地震は過去50年間で5回起きています。三陸沖で起きた869年の「貞観の三陸沖地震」（M8.3）や南海トラフ沿いの1707年に起きた「宝永の南海・東海地震」（M8.6）はM9クラスの地震であったと考えられ、発生当時は1000年に一度の地震とも表現されていました。

「大地震切迫説」の発生地域は南海トラフ沿いなので、フィリピン海プレートとユーラシアプレートの境界です。三陸海岸沖の日本海溝沿いの地震とは「発生する場」が異なります。東北地方太平洋沖地震が発生したからといって、南海トラフ沿いの地震が発生しなくなったわけではありません。この視点からも「想定外」ではないはずです。

「想定外」を言い出した人たちは、自分の不勉強さ、不明を隠すための発言だったと思います。しかしこの言葉は一種の流行語になりました。気象庁をはじめ多くの機関で、想定外を言わないために、それぞれの発言に網掛けを始めました。私はその風潮を「M9シンドローム」と揶揄しています。その詳細は次節と第6章3節で述べます。

超巨大地震が発生後、富士山西側、箱根、フォッサマグナの中の長野・新潟県境などで地震が起こり、長野県栄村では最大震度6強（M6.7）が記録されました。これらの地震は東北地方太平洋沖地震に誘発された地震として話題になりました。同時に東京直下地震の発生も心配する声が出始めました。その頃、ある新聞に10名の地震学者に東京直下地震発生の可能性を問う記事が出ていました。中には地震の専門家とはよべないような人も入っていましたが、全員が「東京直下地震は近いうちに起こる」と肯定していまし

た。同じような記事は週刊誌にも出ており、こちらは私を含めた7名の地震学者に問う内容でした。6名は「起こる」と答え、私だけ「学問的には確立していないので誘発された地震が東京で起こるかどうかはわからない」と答えていました。この質問は暗黙裡に「東京で、大地震」と地震予知3要素の「どこで、どのくらいの大きさか」の2つは入っていますが「いつ」は入っていません。「起こる」と答えた人たちが考えたその時期はさまざまだったと思いますが、質問の主旨からは「数年以内」が一般的で、どんなに長くても10年は越えないでしょう。10年以上が経過した今日、起こると答えた人たちはどう考えているのか聞いてみたいです。

　この地震の発生で、予知予測ができなかったことへの失望感、長期間多額の予算を使いながらも予知ができなかったことへの罪悪感など、地震学者の多くが心を痛めました。ただ外野席の私は、震源地域の西側、日本列島沿いでは海底地震計も設置されておりそれなりのデータはあったでしょう。しかし東側のデータはゼロでしたので、予知ができなくてもあたり前だろうと考えていました。マスコミに失望感を語る後輩の地震学者を見て「パフォーマンスでなければよいが」と気になっていました。

　2012年9月、世界中の地震学者を驚かせる事態がイタリアで発生しました。2009年3月から4月、イタリア中部、ローマの東北東およそ100 kmのラクイラ付近で群発地震が発生し、4月6日にはM6.3の最大の地震が起きて309人が死亡、6万人が被災しました。この群発地震の最中、イタリア政府は群発地震におびえる人々を鎮める目的で、イタリア地震委員会を招集しました。国立地球物理学火山学研究所長を含む専門家の出した結論は「大地震は起きない」ですが、実際にはM6クラスの地震が発生して300人以上の人が亡くなったのです。大地震は起こらないと言っていたのに起きた、必要な情報を発しなかったので大災害になったと、地震委員会の7名の委員が過失致死罪の容疑で起訴され、一審の裁判では全員有罪となりました。しかし、その後の調査で委員会は政府に忖度して民衆を鎮めるために「大地震は起こらない」と発表したことがわかり、二審では6名が無罪、1名だけ執行猶予付きの禁固刑が言いわたされました。地震学者が地震を予知できなかったことで有罪となる世界の歴史でも初めての判決が出されたのです。

54　第3章　地震発生予測

　また遺族は「地震予知が困難なことは理解している。用心して避難することも考えていたのに地震学者が安全宣言を出した。大地震の前兆か、小さな地震の群発かが判断できなければ、そう語ればよいのだ」と地震学者への不信感をもっていました。政府は地震におびえる民衆を安心させるために、地震学者を利用したのです。

　日本の地震学会もすぐ反応し、2012年10月、会長名で「地震予知は困難」とする声明とともに、「地震予知」と「地震予測」を明確に区別する必要性を指摘しました。これまで地震予知研究計画で定めた「地震予知」をマスコミはもちろん、地震を知る地震学会会員でも十分に理解せず使っていたことへの反省でしょう。

　群発地震が発生しているときに、その中に被害を伴うような地震が起こるかどうかの判定は、一人ひとりの研究者の経験と勘でしかできないのが現状です。たとえば1965年8月から2年以上続いた長野県下で起きた「松代群発地震」で、最大地震でもM5クラスで被害はほとんどありませんでしたが、住民はときどき起こる「ドスーン」という音と、小さな揺れに悩み続けました。現地調査に入った研究者たちは皆勝手なことを言うので、地元は混乱し、「必要な物はなんでも送るから」という政府の申し出に、当時の町長が「学問が欲しい」と答えた話は、一部の地震研究者の間では語り継がれていました。群発地震活動中の状況判断は極めて難しいことを表すエピソードです。

　イタリアの群発地震でも、日本の研究者たちでしたら第2章3節で紹介した1909年の「房総沖地震」の今村の記者発表のように話したでしょう。残念ながら今村の時代から100年が経過しても地震学の実力はその程度です。

　なおここで地震の大きさについて整理しておきます。

・大地震　　　　　マグニチュード7以上

・中地震　　　　　マグニチュード5以上7未満

・小地震　　　　　マグニチュード3以上5未満

・微および小地震　マグニチュード1以上3未満

・極微小地震　　　マグニチュード1以下

研究者やマスコミはマグニチュード（M）8以上の地震を「巨大地震」、M9以上を「超巨大地震」とよびますが、気象庁も巨大地震を使うようになりました。なお気象庁の地震観測網で観測される地震の大きさはM3程度までです。この程度の大きさの地震ですと地殻上部で発生すると地表面では揺れを感じ、有感地震となり震源も決定され、すぐテレビ画面にも表示されます。

前兆現象が観測されるだろうと考えていた超巨大地震でも、そのような現象はとらえられず予知できなかったこと、イタリアの地震学者たちは予知ができなくて有罪になったことなどが重なり、日本の地震予知を研究する最前線の地震学者たちは「大震法」への対応を考え始めました。発足した頃は学生で、生まれたばかりの人もいたでしょう。地震予知研究計画で得られた定員枠で就職し、地震研究者になった人も少なからずいるはずです。大震法に力を注いだ先輩たちのほとんどは鬼籍に入りました。そして第1章3節で述べた大震法の方向転換になったのです。

実際には警戒宣言が発せられる対象は東海地震でしたが、発生前に「警戒宣言」が発せられるはずだったのが「巨大地震は突然発生するから日頃からの注意が必要」との発表です。内閣府委員会では「発生日時を高い信頼度で予測することは困難」であることが確認され、このような発表になりました。そこでマスコミは「地震予知は不可能」との報道になります。しかしすでに述べたように、地震予知研究計画で目標とした「地震予知」は20世紀の間に不明確な内容で使われていたので、一般市民に役立つ地震発生の情報は何も出てはいなかったのです。

たとえば日本には日本地震学会とは別に「日本地震予知学会」という組織があります。この学会が目指す地震予知はどの程度の予知なのか、どこかに明記され、世の中に広報されているのでしょうか。学会独自の「地震予知」でしたら、社会を混乱させる学会名でしょう。イタリアばかりでなく明治時代から日本でも地震発生の不安で大騒ぎになる例は起きているのです。

気象庁は観測データに異常が出た場合には「南海トラフ地震に関連する情報」を臨時情報として発表する体制を取っています。気象庁の発する情報については第4章3節でも述べますが、日頃からその内容を理解できるようにする努力が必要です。私自身は、学問的に未解明なことは「わからない」と

56 第3章 地震発生予測

説明した方が理解を得られやすいと考えています。最近はそのような説明を
する努力がなされているのではと感じる気象庁の発表も増えてきた気がしま
す。

3.2 | 1945年から1954年の地震発生説と福井地震

第二次世界大戦の終戦から2年たち、日本全体が戦後の混乱から立ち直り
つつあった1947年12月、関東地震説と関西地震説が新聞紙上で詳しく報
道されました。関東地震は三浦半島先端油壷の検潮儀の水位低下から判断し
て、その付近の土地が隆起しているので地震の前兆ではないかとの話から始
まりました。房総半島の布良では逆に沈降が見られ、東京湾に南下がりの傾
斜活動が認められることから、関東地震の再来が心配されたのです。今日と
異なり、まだ過去の関東地震の精査がためされる前の話です。結局、観測値
の異常な変化はあったものの、それ以上の変化はなく、専門家の間ではほと
んど問題にされなかったようです。

関西地震説は京都大学の佐々憲三（1900～1981）教授が、地震予知観測
網の一つとして逢坂山のトンネル内に設けられていた傾斜計や伸縮計の変化
が急速に進んでおり、「要注意の時期に入った。防災の立場から万全の備え
が必要」と京都府警察部長を訪れて進言したとこで、関西地震説が浮上した
のです。専門家が検討を重ねた結果、観測機器の異常は、このような観測の
開始直後にときどき起こる初期的な不安定さで、時間が経過すれば観測値は
安定してくるとの意見が大勢を占め、佐々教授もそれを認め、関西地震説も
収束しました。

1948年6月、地震予知研究委員会の席上で1人の委員の地震予知に関す
る研究の紹介がありました。「大地震の余波について」という題の発表は必
ずしも出席者に理解はされなかった発表ですが、その話を聞いた出席者の一
人が「あなたの説に従えば次の地震はどこか」と聞いたら「福井か秩父」と
答えたのです。誰もがその意見を重視してはいませんでしたが、それから2
週間後に「福井地震」が発生したのです。このことが報道陣に漏れ、福井が
起こったなら次は秩父と、秩父地震説が急浮上したのです。提唱者の方法で

過去の地震を検討した結果、着想は興味あるが予知に関係づけることはできないとの結論となり、委員会がその経過を説明して世間は沈静化しました。

1948年6月28日に発生した「福井地震」（M7.1）は福井平野に大きな被害をもたらしました。死者3769名は関東大震災以来の大きな数でした。南北に続く地割れの連続で総延長25 kmの断層の潜在が認められたのです。

地震後中央気象台が被害調査をして、当時使われていた震度階の最大震度6では被害の実状を表していないと、新たに最大震度を7として、震度階が7段階から8段階に変わる原因となった地震でした。ただし、震度7の判定は地震発生後現地調査をして、家屋の倒壊が30％以上で、山崩れや崖崩れがあったら震度7とするとされました。震度7はそのときの体感では決めず地震後の現地調査で決めていたのです。この点を理解していなかったのか、あるいは誰かの思いつきか、阪神・淡路大震災で政府の対応が遅れた理由を、「最大震度が6だったからそれほど大きな地震だとは思わなかった」と弁解し批判を浴びました。気象庁に対し科学が発達した現在でも体感で震度を決めている手法が時代遅れと批判されました。当時すでに震度計は使われていましたが、その後気象庁が統一した規格の震度計を開発し、気象官署ばかりでなく地方自治体にも配置されました。震度計からの信号はただちに気象庁に送られ、現在のように、地震が起こるとすぐに各地の震度がテレビ画面にも表示されるようになりました。すでに述べたように震度計で決めた震度は「計測震度」とよばれます。

秩父地震の騒ぎが収まって間もなくの1949年2月、新潟地震発生説が出てきました。東北大学の中村左衛門太郎（1891～1974）教授は関東大震災のときの中央気象台地震掛長を務めており、その悲惨さを経験しているためか地震予知には強い関心をもっていました。そして自ら地磁気伏角計を背負って、全国を歩き測定していました。その途中、新潟市での測定で非常に大きな伏角の変化を測定しました。そこで「過去の例に従えば、近い将来、新潟市で大地震が起こる可能性がある」と新聞記者に語り、新潟地震説が広がりました。県知事や新潟市も対策に乗り出しました。地震予知研究委員会もこれを取り上げましたが、地磁気伏角の変化だけで地震が発生するとは言えないという意見が大勢を占め、会長が記者会見でその内容を表明し、騒ぎ

は収束しました。ただ中村は自説を社会に発表することに極めて積極的で、「地震予報を出せないような地震学者は不要」とまで発言していました。

終戦直後に出された4回の地震発生説のうち、3回は研究者が自分の観測や測定結果から判断した地震発生説でした。地震学が未熟な時代の出来事ではありましたが、同じことは現在でも行われています。学問研究は自由であり、その発表も自由でなければなりません。しかし、その学問の成果が大地震発生というような、私たちの日常生活に直結する場合には、その発表は慎重にすべきです。学問の自由を振りかざす前に、自分自身に功名心がないかどうかを確かめるとともに社会的な影響も考えるべきです。

今村から始まった一般社会への地震発生の伝え方は、ここで述べた4件に続き、現在まで何回か繰り返されています。地震研究者のモラルが問われることですが、実際は野放しです。これこそ地震学会に問われている課題の一つと言えます。しかし、その現実に気がついている研究者は極めて少なく、それは「社会的責任より学問の自由が優先する」と言えば心への響きが良いからでしょう。

3.3 1970年代の東海地震発生説

1970年代に入ると東海地震発生説が語られ出しました。私の記憶が正しければ最初は週刊誌が取り上げたと思いますが、一旦はそれで終わりました。しかし、次の1976年に出された研究が発端で大騒ぎになりました。

1949年の新潟地震説に結末をつけるときにも、自分の研究成果の発表には、新聞記者などに発表する前に地震予知研究委員会に話題を提供し、研究者たちの間で議論しようと話し合われていました。その時代から30年が経過して、地震予知研究計画も軌道に乗った時代でした。

松代群発地震のとき、松代町長の「学問が欲しい」という反省から、当時は気象庁に「北信地域地殻活動情報連絡会」を現地で活動している気象庁のほか、国土地理院や地震研究所をはじめとする大学関係者が組織し、情報を交換した結果を長野地方気象台から「地震情報」として公表するようにしていました。萩原はこれを「松代地震の教訓」と称しています。

この連絡会はうまく機能したので地震予知研究計画が発足後は、参画している研究機関が集まって、「地震予知連絡会」が組織されました。同会は年に数回は会合を開き、互いの観測成果を発表・情報を共有してきました。東海地震発生説もその会で議論され、「前兆現象は見出されていないが、今後もさらに観測を強化し注意深く監視を続ける」というメモが会議後に配られています。

東海地震発生説は専門家の間でも議論はされましたが、地震発生の前兆現象は観測されていない、つまり「地震が発生するとは言えないが、観測を強化しこれまで以上に注意して監視をします」との結論でした。

ここまでは正常な対応でしたが、発表者は自分の研究成果として地震学会の大会で発表する講演予稿集をマスコミに送って注意喚起、というよりも注目してもらうようにしたのです。結果は本人の期待通りに有名人になりました。地震学の先輩が、早く自分の研究を論文にしなさいと忠告したところ、「講演が忙しくて論文を書く暇がない」と答えたと、その先輩教授は彼の本末転倒の態度を嘆いていました。

後日、私の本を読んだ読者から、地震関係の一般的意見、質問に加え、「東海地震発生説の提唱者は、本人は『社会を動かしたかった』と言うが、実際は功名心からであろう」との手紙を頂きました。同封された新聞の切り抜きには同窓の同世代の人の新聞記事がいくつかありました。どのような理由をつけても、マスコミへ登場したいという気持ちが先行したことは、多くの人が感じたことでしょう。

多くの分野で、学術的な成果は明るい話題として紹介されますが、地震学ではそれが大地震の発生、大災害の発生に直結する可能性があるので注意が必要なのです。火山噴火に関する研究の発表をする火山学でも同じですが、災害発生に関する情報は世の中に大きなインパクトを与えることを前提に考えなければなりません。いくら学問の自由、発表、発言の自由は保証されているとしても、世の中への影響を十分に考慮する必要があるのです。

60　第3章　地震発生予測

コラム①

霧島火山観測所での広報

　1971年から1974年まで私は地震研究所の霧島火山観測所に勤務していました。当時の宮崎県は霧島火山の新燃岳や御鉢の噴火への心配のほか、1968年のえびの（群発）地震（最大地震はM6.1）、1968年や1970年の日向灘地震（M7.5、M6.7）が発生した直後で地元は地震にも敏感になっていました。私は宮崎県の防災担当者とはときどき情報を交換していました。東京なら行政機関への対応は当然教授・助教授の仕事ですが、研究者が一人の観測所では助手の私の仕事となりました。

　着任して1年もすると私は霧島山系や宮崎県周辺の地震活動像は大体理解できました。そこで宮崎県の担当者には、もし地震観測で異常を認めたら必ず連絡しますから、その場合には、県民にはさりげなく、地震発生時の注意、たとえば「地震を感じてもあわてないで対応しよう、火の元に注意しよう」などを広報したらどうかと提案し、了解されていました。幸いなことに私の在任中は、そのような現象は起こりませんでした。

3.4 阪神・淡路大震災の発生と予知への批判

　すでに触れましたが1995年の「阪神・淡路大震災」（M7.3）の発生は1945年の終戦以来の50年間で初めて、近代都市が大地震に襲われたのです。福井地震で制定された8段階の震度階で初めて震度7が記録された地震でした。震度7の地域ではJR東海道在来線の高架橋が破壊され、飴のように曲がったコンクリートの柱から中の鉄筋がむき出しになり、線路はぐちゃぐちゃになっていました。古い木造住宅街の建物はほとんど倒壊しました。早朝の地震でしたので、多くの住人はまだ床の中で、そのまま屋内で亡くなりました。発震後、15分間、午前6時頃までの間に絶命した人が、犠牲者の80％になるとの統計があります。20歳から30歳と若い世代の死亡の割合が高く、それは住宅費が安い地域なので多くの学生が住んでいたからと言われています。改めて、地震では多少は壊れても潰れない家に住むことが大

写真 3-1　阪神・淡路大震災の神戸市の惨状

切であることがわかります（写真3-1）。

　一般に木造2階建ての家屋では、1階が潰れても2階は潰れないので、「地震が発生したらあわてず2階にいなさい」が地震発生時の格言でした。ところが阪神・淡路大震災では2階建て木造住宅の2階部分が壊れ、1階がそのまま残っている例を数多く見ました。このような家屋は木造でも1階部分が軽量鉄骨の骨組みで施工されていました。

　10階建てぐらいのビルの場合では、中層階、たとえば10階建ての6階の部分だけが完全につぶれているビルが目立ちました。これまでにないビルの被害形態でしたが、途中階から柱が細くなっていて、その細くなり始めた階が完全に潰れたようです。

　すでに述べましたが、このときの地震後の地震学者（地震予知研究者）への批判は厳しかったです。そんな背景を背負ってか、およそ1年後の1996年3月29日『朝日新聞 東京版』の「主張・解説」という欄に次の記事が出ました。

「『地震予知』をテーマとする研究は数多いが、気象庁が予知できると認めているのは東海地震だけだ。その東海地震予知の判断を下すために気象庁が設けた『地震防災対策強化地域判定会』の茂木清夫会長が辞意を表明した。高まる予知への期待の中で、『東海地震の警戒宣言発令は難しい』と言う茂木会長の辞意は、東海地震の予知体制が万全でないことを改めて示した。茂木会長の提言を機に、予知体制が現実かどうか、見直す必要がある」

　茂木清夫（1929〜2021）は東京大学地震研究所の教授でしたが、この当時はすでに退官されていました。さらに茂木は、注意報的な情報の必要性を次のように述べていました。

「明瞭な前兆があったときは警戒宣言を出せるが、不明瞭だけど気になる現象が起こることもある。そんなときは注意報とも言うべき情報を出し、新幹線を減速させるなど、現実的で実行可能な対応を決めておくのがよい」

「5年前に気象庁から判定会長を頼まれたとき、会長になって軌道修正する必要があると思った。だから就任後すぐに気象庁長官に『重大な問題がある』と説明した。国土庁（現在の国土交通省）にも行って訴えた。でも、気象庁も国土庁も動かなかった。理解を示してくれた人もいたが、人が変わるとまた同じだった。このままだらだらしていても改善されない。それで、行動で示す必要があるのではないかと、会長を辞めることにした」

　茂木の言う注意報的な情報の必要性は、多くの地震学者が初期の段階から気がついていたのです。「警戒宣言」を出して空振りならまだしも、明らかな前兆現象ではないと情報発信を躊躇していて大地震発生となるよりは、「データに異常が認められるから万が一に備え注意してほしい」と言うような中間的な情報です。これに対し、気象庁は次のように述べています。

「注意報のような中間情報と言うが、地震予知研究の現状では、どれだけ地殻が動いたら注意が必要といった技術的根拠を示し、警戒宣言と区別す

ることは難しい。したがって、注意報を出せるように法律を改めることは
できない。その代わり警戒宣言を出さないときも、データに異常が表れた
ら発表する」

　大震法は施行したときから地震研究者間の話題として、警戒宣言を出した
ときの対応に疑問がもたれていました。「新幹線、高速道路などを止めて、
1週間地震が起こらなかったらどうなるのだろう」というような単純な疑問
です。世界初の大地震を予知する法律だったはずですが、実際は当時の地震
学の実力はそのはるか手前だったのです。
　その茂木も教授時代の 1981 年 12 月 23 日の『静岡新聞』で「東海地震
数日前に予知可能」の見出しで、前日に地震研究所の談話会で発表した内容
が次のように報じられています。

　　「東南海地震は近い将来発生すると恐れられている東海地震と発生の仕組
　　みが同じであるため、この経験を生かせば東海地震も数日前には前兆現象
　　を捕らえられるのではないか、と同教授は言っている」

　この東南海地震は 1944 年に発生し、今村の依頼で測量が実施されている
中で起きた地震です。人間、立場が変われば意見も変わるということでしょ
うか。
　「地震発生を予知しても空振りの可能性」は多くの研究者によって気がつ
かれていたことです。あまり言及されませんでしたが、そこには後述する
「地球の寿命」と「人間の寿命」の違いがあるのです。地震予知はあくまで
も「人間の寿命」の世界です。しかし地震発生は地球上で起こる自然現象で
あり、「地球の寿命」で起きる現象ですから、その違いを考慮する必要があ
るのです（第 6 章参照）。

3.5 西日本の大地震切迫説

　阪神・淡路大震災が発生した直後から「西日本は地震の活動期に入った」

と地震学者のコメントを新聞紙上で読みましたが、いつの間にか「（西日本は）大地震が切迫している」との話がテレビに出てくるようになりました。

東海地震が起きないので、南海トラフ沿いで大地震が発生する可能性があるとの判断から、彼らは少なくとも十数年間はその主張を続けていました。

防災の専門家と称してテレビに出てくる人も、どこまで真実を理解していたのかはわかりませんが、地震の専門家と同じように「切迫」を言っていました。結局彼らは10年以上も「切迫」を言い続け、「想定外」に変わったわけです。

「切迫」という言葉でなんとか国民の大地震発生への関心を維持し続けようとしたのでしょうが、結局は東日本大震災の発生で「想定外」の発言となったのです。東日本大震災は「想定外」だったとして、切迫していると言い続けた西日本の大地震はどう考えているのでしょうか。切迫説を述べていた人たちからの説明を聞いたことがありません。

大震法の方針転換で、観測網のデータに異常が出れば地震情報が出されることになっていますが、南海トラフ沿いの地震が近いかもしれないと考えている地震学者あるいは地震研究者は依然として少なくないように思います。

2021年10月7日、神奈川県で強い揺れを感じたことがあります。神奈川や東京の一部では震度5強・弱だったと記憶しています。その後、中部地方のどこかで地震が起こり、さらに和歌山でも地震が起こりました。このように書いていて申し訳ないのはその日時を私はほとんど覚えていないのです。それほど注目に値する地震ではないからです。ところがある地震学者が、テレビ番組の電話による取材だったと思いますが「少しずつ地震の起こる場所が西に移動し、ついに和歌山でも起こりました。次は南海トラフの地震が起きても不思議ではありません」という主旨の発言をしていました。

この発言の内容は、現在の地震学の知識ではまったく科学的根拠がありません。地震学では偶然の現象をあたかもその移動のメカニズムがわかっているような説明の仕方がされていましたが、2年以上が経過した現在も、南海トラフ沿いでは大地震は発生していません。

過去の地震活動から考えれば、日本列島でM8クラスの巨大地震、あるいは超巨大地震が発生する可能性が高いのは、やはり南海トラフ沿いの地震で

しょう。その詳細は第4章5節で述べます。

3.6 「想定外」と「M9シンドローム」

東北地方太平洋沖地震が発生し、解説のためテレビに出演した地震学者が「想定外」を連発していたことには驚きました。つい数日前までは「（西日本で）大地震が切迫している」と言っていた人たちが、東日本での大地震は「想定外」となんのためらいもなく言ったのが不思議でした。時期はともかく東日本の巨大地震が日本海溝沿いで発生する可能性が高いことは、日本で地震学を研究している人なら「いろはの『い』」で知っている現象です。

「想定外」は研究者ばかりでなく、政府や自治体、あるいはマスコミも使いだしました。政府は首都圏などで起こる地震は最大M8.4を想定していたので、「想定外」が通用するかもしれませんが、研究者は知っていたはずですから通用はしません。

東日本大震災で「想定外」が一段落すると、続いて言われだしたのが「最悪のシナリオ」です。これも研究者ばかりでなく政府、自治体、メディアが同じような調子で使いだしました。「最悪のシナリオ」を示せば自分たちの責任は果たせたと錯覚しているようにさえ感じました。

たとえば研究者が過去に一度も起こったことがないような現象も、「最悪のシナリオ」として近い将来発生するかのごとく広報します。このような日本列島の地震に関する発表の風潮を私は「M9シンドローム（症候群）」とよんでいます。

その後、気象庁の地震情報には必ず「最悪のシナリオ」が含まれるようになりました。2014年9月27日、御嶽山が噴火し死者58名、行方不明者5名が出たとき、事前に群発地震が起きていたにもかかわらず、一般にはなんの情報も出さなかったと非難されたことをきっかけに、気象庁は地震ばかりでなく、火山噴火に関する情報発信にも、必ず「最悪のシナリオ」を含めた情報を発信するようになりました。M9シンドロームは現在も継続中です。

しかし1000年に一度の現象が頻繁に発生するはずはありません。だからといって福島原発のように最悪の事態を考えない楽観論でも困ります。この

バランスの説明をきちんとして、M9 シンドロームからは脱却すべきです。

　最近は地震学者が 1000 年に一度の地震どころか、数千年前の地震を口にするようになりました。私は歴史時代になって、つまり日本では弥生時代後期、卑弥呼の時代以後の地震を研究の対象でよいのではと考えています。それ以前に起きた現象を「最悪のシナリオ」として話題にしても、話す人は自分の知識の多さを認めさせる、あるいは吹聴する良い機会かもしれませんが、防災の話として聞く人々にとってはまったく無意味な話なのです。そろそろ学者、研究者も M9 シンドロームからは解放されてほしいです。

3.7 地震に成熟した社会を目指して

　地震予知は不可能との結論が出されても、世の中には地震発生説を流す人がおり、流されたら信ずる人がいるのです。

　阪神・淡路大震災直後、テレビに出演した地震学者たちに対し「なぜ予知できなかったのか」と舌鋒鋭く詰め寄った司会者や評論家がいました。一流の司会者、評論家と自他ともに認められている人たちが、地震予知の現状を知らない、その無知ぶりに私は驚きました。たしかに当時、地震予知研究計画は 30 年間継続されていましたが、主たる対象は東海地震でした。東海地震が予知できなかったらどのような批判を受けても仕方なかったでしょう。しかし、すでに述べたように神戸市周辺では予知のための特別な観測網は構築されていませんでした。そのような日本の地震予知研究計画の現状を理解しておらず、ただ批判を繰り返したのです。彼らの地震に関しての知識の成熟度が低かったと言わざるをえません。

　阪神・淡路大震災後をきっかけに気象庁が設定した「緊急地震速報」も 2007 年 10 月 1 日から実用化してから 20 年近く経過しています。このシステムが効果を発揮した話を私は聞いたことがありませんが、人々の間ではどのように受け止められているのでしょうか。この情報は地震が発生してからその震源や大きさを計算し、大きな揺れ（震度 4 から 5 以上）が予想される地域に、あらかじめ（大きな横揺れを起こす）S 波が到達する前に、情報を流し注意を喚起するという主旨です。私自身少なくとも 20 回から 30 回ぐ

らいはこの情報に接していますが、一度も大揺れを経験していません。情報を受信しても最大の揺れは震度 2 程度でした。何回も受信していると、情報慣れして「またか？」で終わるようになる人が多いでしょう。しかし、地震が発生後、「その地震の震源や大きさを調べてから出される情報」であることを人々が理解し、自分なりにその情報を利用するのが「地震に成熟した人の対応」と言えます。

今村は「関東地震発生を的中させた先生」と評価されました。また 1946 年の「南海地震を予知した」と GHQ にまで伝わりました。すでに述べたように今村がこの 2 つの地震を世間で言うように「予知した」とは言えません。今村は大地震が同じ場所で繰り返されることには気がついていました。関東地震に関しても、東京で大地震が 50 年から 100 年の間隔で繰り返されるとして、注意を促していました。南海地震に関しては現在で言う南海トラフ沿いの地震の繰り返しには気がついていたのです。

その事実のもとに、今村は関東地震では 1905 年から 1923 年まで、一般民衆に対して大地震が起きると繰り返し注意を促してきたのです。南海地震に対しても東大退官後の 1930 年から 1946 年まで同じように注意を繰り返し、自分自身で発生を事前に検知しようと観測網を維持していたのです。私は今村のその執念を尊敬しています。

第二次世界大戦終結後、日本国内に発せられた多くの地震発生予測で、地震が発生した例はありません。中には打ち上げ花火のごとく、大きく扱われた発生説もありましたが、多くの場合は線香花火程度の内容でした。世の中が大騒ぎしたのはメディアの扱いに起因します。地震発生の話を聞いた新聞記者が、大々的に報じて騒ぎを大きくしていました。日本では科学ジャーナリズムが貧弱と評価されることが多いですが、地震の記事を読むとほとんどが発表者の意見をそのまま記事にしているだけで、その内容を検証して記事にする例は極めて少なかったようです。地震発生の花火を打ち上げた研究者も、一発の打ち上げで終わり、今村のように地震発生に際しての注意を喚起し続ける執念はありませんでした。

巷ではいくら地震学者が地震発生説を発表しても、地震が起きていないことを理解し始めているのではないでしょうか。大震法は方向転換し、警戒宣

言が発せられることなく大地震が突然発生すると言われても、特別に心配する人も多くはなかったでしょう。

　週刊誌によっては毎年のように大地震発生を報道していますが、それも特別注目されることなく、「また出したか」という程度に受け取られているのでしょう。地震学者が言うほど、悪い表現を使えば学者がいろいろあおっても、多くの人がそれを信用しなくなっているのではと思います。成熟と言っていいのかどうかわかりませんが、多くの人が「大地震発生説」を学者の戯言と理解し始めているのではないかと気になり始めています。

　その最大の原因は、地震学者の大地震発生説は「人間の寿命」のタイムスケールで発言しているのに対し、地震の発生は「地球の寿命」、生きている地球の活動の一つとして発生するからです。その地震活動は50年、100年は誤差のうちですが、その誤差は人間にとっては人生の半分、あるいは一生になってしまうのです。詳細は第5章3節で述べますが、この寿命の差を理解されるようになると、日本人の地震への成熟の度合いは相当に高くなったと言えるでしょう。どっしりと構えて大地震にも対処できるのです。

第 4 章

大地震の発生地域

4.1 「大づかみ」な話

　日本列島で被害をもたらすような大地震の発生を一口で言えば、太平洋側では100年から200年に1回、M8クラスの地震（巨大地震）が繰り返し起こり、内陸から日本海側では数百年から1000年に1度の割合でM7クラスの地震（大地震）が起きています。日本列島の被害地震の震央分布図を見ても北海道から九州の太平洋岸には、地震が集中して起きていることが明らかで、日本海沿岸に沿ってもM7クラスの地震の分布が見られるのに対し、北海道や本州の中央には空白域が見られます（図4-1）。

　特にM8クラスの巨大地震は太平洋岸に分布しているのは一目瞭然です。ただ一つの例外は、岐阜県下に震源のある1891年の「濃尾地震」（M8.0）です。各測候所や気象台にようやく地震計が配置され始めた地震観測の黎明期に起きた地震ですが、すでに第2章1節で述べたように物理学者や建築学者の興味関心をひき、総合的な調査がなされた最初の地震です。文部省は早速「震災予防調査会」を組織し、地震現象の解明と地震災害軽減を目的の研究を始める契機となった歴史的な地震と言えます。

　1900年に「地理教育鉄道唱歌（一）」として出された『鉄道唱歌（東海道編）』の34番に

　　名だかき金の鯱は　　名古屋の城の光なり
　　地震の話まだ消えぬ　岐阜の鵜飼も見てゆかん

　と「地震の話」が出てきます。私は小学生のときにこの歌を覚えました

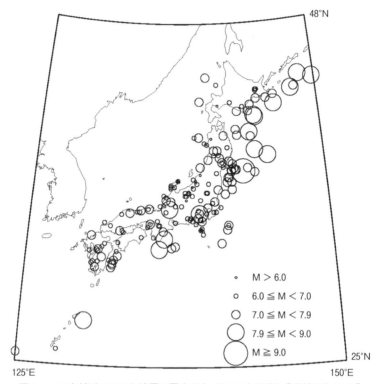

図 4-1　日本付近のおもな地震の震央分布（1885 年以降）［理科年表 2023］

が、なぜ「地震の話」が出てくるのか知らず、不思議に思っていました。東海道線の全線開通が 1889 年、その 2 年後に地震が起こり 9 年後に唱歌が世に出たのです。発生から 10 年たっても地元の人ばかりでなく、国中の人々の心に残った地震として歌詞はつくられたのでしょう。それほど濃尾地震は日本国中にインパクトを与えた地震でした。地震の調査には東京大学地震学教室の大森房吉を中心に多くの研究者が参加し現地調査に赴きました。これも東海道線が開通していたので容易にできたのでしょう。

　なお 1960 年代になって当時、地震学講座を有する大学が協力して岐阜県下の濃尾地震の震源地付近を囲むように微小地震観測を実施しました。その結果、地震後 70 年が経過した当時でも、震源地域の断層沿いの地下 30 km より浅い領域ではまだ微小地震が活発に起きていることがわかりました。も

ちろんその周辺ではそのような地震はまったく起きていませんでした。微小地震ながら 70 年前の巨大地震の余震がまだ続いていたのです。

それから 60 年が経過している今日ですが、このような余震活動は気象庁の地震観測網では観測できません。気象庁が検知できるのは M3 程度以上の小地震からです。微小地震が観測できなくても、気象庁の地震業務にはほとんど支障はありません。

微小地震活動は大地震の前兆となるだろうとの考えから、おもに大学の研究者たちによって観測や研究が行われてきました。しかし、地震予知不可能論が学界を支配し、微小地震に興味をもつ研究者は少なくなった、というよりは、いなくなったのではと危惧しています。現在でも興味や関心をもつ研究者はいるとは思いますが、最近はほとんど微小地震を観測するというような話が聞かれなくなりました。第 1 章 4 節で述べた危惧の 1 つです。東日本大震災の余震活動がどのくらい続くかわかりませんが、この濃尾地震の例からは、少なくとも 100 年間は続くのではないかと推測されます。

日本海側の地震活動には 2 つの特徴が見られます。その 1 つは図 4-2 に示すように、北海道から新潟まで、沿岸に沿って M7 クラスの地震がほぼ直線上に並んでいます。北の端では 1971 年の「サハリン南西沖」（M7.1）、その南には少し隙間があって 1940 年の「積丹半島沖地震」（M7.5）、この地震は「神威岬沖地震」ともよばれ、1993 年の「北海道南西沖地震」（M7.8）、1983 年の「日本海中部地震」（M7.7）、1833 年の「庄内沖地震」（M7½）、1964 年の「新潟地震」（M7.5）と並びます。どの地震も大きな被害を伴い津波も発生しています。

新潟地震では「新潟市が初めて地震の被害を受けた」と報じられました。新潟市はもともと信濃川の河口付近に近年開かれた町で、地盤が弱く、M7 クラスの揺れを受け、液状化現象が至る所で発生しました（第 6 章 10 節参照）。ビルそのものは形態を留め、なんの被害もなさそうに見えても、1 階の半分が地中に埋没していたり、4 階建ての県営アパートが壊れることなく土台から倒れていたり、新設された近代的な橋が壊れたりと、非常に話題の多い地震でした。

日本海中部地震では遠足に来た内陸の小学校の児童が、地震が収まったの

72　第4章　大地震の発生地域

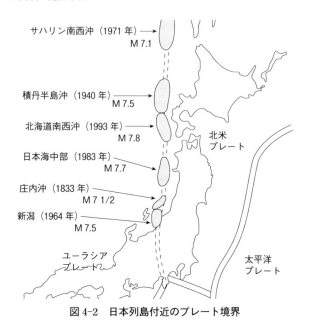

図4-2　日本列島付近のプレート境界

で教師の指示で海岸におり、昼食を食べ始めたときに津波が襲来し、犠牲者が出ていました。引率教師の知識のなさが、被害を増大させた例です。津波は遠く島根県の隠岐諸島にも達し被害をもたらしています（第6章11節参照）。

　北海道南西沖地震では地震直後に奥尻島に津波が押し寄せ被害が増大しました。島南端では8mの津波の襲来と地震による火災の発生で、その地域全体が壊滅状態になりました。

　これら南北に並ぶ地震群は西側のユーラシアプレートと北海道や東北地方が属する北アメリカプレートの境界で発生していると解釈されています。そのプレート境界は、新潟地震から南の地域では越後平野にフォッサマグナを形成し、その西縁は糸魚川―静岡構造線です（図4-2）。

　新潟地震の震源地から南西に約100km離れたフォッサマグナに属する長岡市付近で2004年に「新潟県中越地震」（M6.8）が発生しました。後述するように計測震度になって初めて震度7が記録された地震です。M6クラスの余震が4回発生しているので、私は「M6クラスの地震5回を主震群とす

る群発地震」と解釈すべきと主張していましたが、気象庁は本震—余震型地震を主張し続けました。結果的には活動期間も長く被害も増大しました。この地震の頃から気象庁は群発地震を認めない傾向が出てきて、2016年熊本地震では70 km離れた大分県下で発生した群発地震まで余震とし、続いてM7クラスの地震が発生したので、以後「余震」という学術用語を使わなくなりました。

　フォッサマグナから西の日本海沿岸の地震は海岸付近で発生しています。2007年の「新潟県中越沖地震」（M6.8）では震源域内に柏崎刈羽原子力発電所が位置していて、地震発生とともに稼働中のすべての原子炉が自動停止し、日本で初めての原子力発電所が地震に被災した例となりました。

　この地震の4か月前の2007年3月25日、能登半島沖で「能登半島地震」（M6.9）が発生し、死者1名、家屋全壊686棟などの被害が出ています。珠洲市や金沢市では20 cmの津波が観測されています。能登半島周辺でも地震活動は活発で2021年から2022年には群発地震も発生しています。この地震活動は2023年になっても活発に活動し、5月6日にはM6.3の地震が発生し死者も出ました。気象庁は認めていませんが、おそらく群発地震です。能登半島先端付近周辺では気象庁観測網では検知できない微小地震レベルの活動は2020年から継続していたと推測されます。

　気象庁の発表ではこの地域が「2020年以来、ときどき地震活動が活発になっている」と表現されていますが、20世紀時代のように大学が臨時に微小地震観測網を設置していたら、群発地震が継続していることは推測できたと考えられます。なお東京大学地震研究所は海洋研究開発機構と協力して、海底地震計を設置して、この地震活動を早い時期から観測を継続しています。

　そしてついに2024年元旦の16時10分頃、石川県能登地方を震源とするM7.6の大地震が発生しました。志賀町や輪島市では震度7を記録し、輪島市や珠洲市の沿岸部では建物が津波で流され、海岸付近は最大4 m隆起し、海岸線は250 mも沖合に移動、両市を中心に多くの家屋倒壊が発生しました（序章の写真0-5参照）。気象庁は地震発生直後、能登地方に大津波警報、山形県から兵庫県まで日本海沿岸に津波警報を発しました。また気象庁

は、この地震を「令和6年能登半島地震」と命名しました。群発地震に続く後発地震の発生です。

この大地震は能登半島北側付近に潜在する活断層が動いたことによって引き起こされたのは間違いないですが、私は2016年の熊本地震の例から、M7クラスの大地震の発生が気になっていました。2020年から続く群発地震活動との詳細な関係は、これからの研究課題ですが、「後発地震」とよんで間違いないでしょう。テレビ画面には次々に発生する地震情報が報じられていました。それらの地震に対し新年早々テレビに出演したり、新聞社にコメントを出す地震学者は、その解説に苦労したようです。私の予想では発生する地震はそれまでの群発地震とM7.6の地震の余震の両方が発生していたと思いますが、現在の気象庁の観測網ではそれらを正確に区別するのは極めて困難だと思います。その後の地震発生も多く、明らかに余震と群発地震の活動が重なっていると感じていました。いずれにしても、能登半島先端付近は21世紀になって、日本列島付近では地震学的には最も興味ある現象が起きている地域と言えます。

輪島市、珠洲市では倒壊家屋も多く、大きな被害が出たのは2020年からの群発地震の発生で、その中には2023年5月5日のM6.5とM5.9のように死者も出ており、震度6（強・弱）の地震が起きており、木造家屋も地震に対して弱くなっていたからだと推測できます。その後詳細な調査報告がなされましたが報道で見る限り完全に潰れている瓦ぶきの木造家屋が多数ありました。それだけ圧死した犠牲者の割合が多かったでしょう。

1952年には加賀沿岸地域を中心として「大聖寺沖地震」（M6.5）が起こり、石川、福井両県で7名が亡くなり、若干の被害も出ています。1948年の「福井地震」（M7.1）は内陸に震源があり、死者3769名と日本国内では1923年の関東大震災以来の多さの犠牲者が出ました。

1927年には若狭湾を挟んで西側の京都府丹後半島で「北丹後地震」が起きています。犠牲者は2912名を数え、郷村断層（長さ18 km、最大の水平方向のずれ2.7 m）とこれに直行する山田断層（長さ7 km）が生じたことで、研究者たちの間ではよく知られている地震の一つです。

北丹後地震の起こる1年9か月前、西に20 km離れた城崎近くの海岸付

近で、1925 年に「但馬地震」（M6.8）が起きています。これにより 2 つの小さな断層が認められました。

1943 年 9 月 10 日には「鳥取地震」（M7.2）が起こり鳥取市を中心に大きな被害が出て、犠牲者は 1083 人、鹿野断層（長さ 8 km）、吉岡断層（長さ 4.5 km）を生じています。鹿野断層の南部の末用で、断層の上に建っていた家屋がねじれはしたが倒壊はしなかったことで研究者たちには知られた地震です。この地震の発生した 6 か月前の 1943 年 3 月 4 日と 5 日、「鳥取地震」とほぼ同じ場所に「鳥取県沖地震」（M6.2）が起きています。震央は海上になり建物に軽微な被害が出ました。

これらの震源から約 80 km 西に離れた境港市付近で 2000 年に「鳥取県西部地震」（M7.3）が発生し、境港市、日野町で震度 6 を観測しました。これは震度計を用いて震度を決める（計測震度）ようになって最初の震度 6 でした。負傷者 182 名、家屋全壊 435 棟などの被害が出ましたが、事前に断層の存在は確認されず、地震によっても現れなかった珍しい地震です。

島根県は隣の鳥取県に比べて地震活動の少ない県ですが 1872 年 3 月 14 日に「浜田地震」（M7.1）が起きています。第 1 章 3 節で述べたようにこの地震の科学的調査は約 30 年後に、今村明恒によってなされ『震災予防調査会報告』に発表しています。地震に先立ち土地が隆起し、浜田湾の鶴島には歩いて渡ることができました。数日前から微震を感じたと前震が確認されており、地震後は海岸線に沿って地盤の隆起や沈降が認められています。名勝「石見畳ヶ浦」はこの時隆起して形成された岩畳です。地震予知計画ではこの地震の経験から、大地震の前兆現象として前震や地殻変動が記録され予知が可能と判断されていました。

浜田地震から 146 年後の 2018 年に、北東に 50 km 離れた大田市付近を震源地として M6.1 の地震が発生し、最大震度 5 強、全壊家屋 16 棟の被害が出ています。島根県では久しぶりに被害を伴った地震の発生でした。

1898 年 8 月 10 日 M6.5 の地震 2 回と 12 日に M6.6 と M6.5 の地震が発生し、この 4 回の地震を主審群とする群発地震が 3 週間続きました。震源地は福岡県糸島半島付近でしたが、被害は局所的でした。

2005 年福岡県西方沖で「福岡県西方沖地震」（M7.0）が発生し死者 1 名

と全壊家屋 144 棟などの被害が出ています。

　このように日本海沿岸に沿っては、ぽつりぽつりと大地震が発生しています。被害地域は一つの県内、あるいは数市町村と狭いですが、被災者にとっては同じです。頻繁に起こる現象ではありませんが、第 6 章で述べる抗震力を日頃から考えることによって、地震発生に直面してもあわてることなく対処できるようになります。

　日本列島の被害地震の震央分布（図 4-1）から理解されるように、被害を伴うような地震は太平洋沿岸と日本海沿岸に多く、列島内にはあまり発生していません。しかし、点々と M7 クラスの被害地震は起きています。そしてそのほとんどは同じ場所での繰り返しはありません。繰り返し起こるにしても記録のある千数百年間では、その時間間隔は短すぎるのです。人間の一生でほとんど繰り返しの地震に遭遇する可能性は低いのですが、自然現象なのです。現在の地震学では日本列島内のどの地域に対しても「被害を伴うような地震は絶対に発生しない」と断言はできません。可能性は低くても発生するかもしれないと、注意を続ける気持ちだけは心の隅に留めて置くべきです。自分の住む地域で過去にどんな地震が発生していたかを、知っていただくために、ここでは多くの地震を紹介しました。

4.2 太平洋プレートが形成している海溝

　日本列島の太平洋沖合からは太平洋プレートが押し寄せ、北アメリカプレートの上に乗る北海道や東北地方の下に沈み込んでいます（図 4-3）。太平洋プレートの沈み込みによって形成されているのが、千島海溝、日本海溝、さらに伊豆一小笠原海溝です。伊豆一小笠原海溝は日本列島から真南に延びる伊豆諸島、小笠原諸島の下に太平洋プレートが沈み込んでいます。伊豆諸島や小笠原諸島はフィリピン海プレートに乗ってゆっくりと北上を続けているため、海洋プレートのフィリピン海プレートの下に、同じ海洋プレートの太平洋プレートが沈み込んでいるのです。そしてそれぞれの海溝に沿って巨大地震や超巨大地震が発生しています。ここでは、その地震をいくつか紹介します。

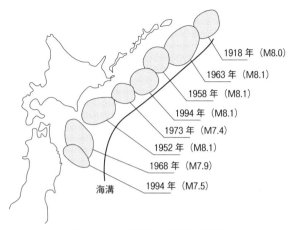

図 4-3　千島海溝―三陸沖の地震

●ウルップ島沖の地震　千島海溝の南端付近、北方四島の北隣のウルップ島沖合から北海道の十勝沖付近にかけての千島海溝沿いでM7からM8クラスの大地震や巨大地震が繰り返し発生しています。1918年から2011年の約100年間で3回のM7クラス、6回のM8クラスの地震が発生し、平均すればほぼ10年に1回程度の割合で起きています。1918年のウルップ島沖の地震（M8.0）は静岡県沼津でも有感で、津波も起きました。ウルップ島では6mから12mの津波が観測され、24名が亡くなり、根室でも1m、小笠原の父島で1.5mの津波が記録されています。

●択捉島沖地震　ウルップ島の南西側で1958年にM8.1の地震が発生し、太平洋沿岸各地に津波が記録され小さな被害が出ました。さらにウルップ島沖と択捉島沖の2つの地震の間を埋めるように、1963年にM8.1の地震が起こり、津波により三陸沿岸で軽微な被害が出ています。津波は北海道花咲で1.2m、岩手県八戸で1.3mでした。

●十勝沖地震　1952年には北海道十勝沖で「十勝沖地震」（M8.2）が発生し、北海道南部や東北地方北部で震害が発生し、津波は関東地方にまで達しました。北海道では3m前後、三陸沿岸で1mから2mを記録、死者・行方不明者33名が出ています。この地震の震源域と重なるように2003年に「（平成の）十勝沖地震」（M8.0）が起こり、北海道内で最大震度6弱を記

録、行方不明者 2 名が出ています。北海道から本州の太平洋沿岸に最大 4 m の津波が襲来しています。

　この 2 つの地震と 1958 年の「択捉島沖地震」の間を埋めるように、1994 年に「北海道東方沖地震」（M8.2）と 1973 年に「根室半島沖地震」（M7.4）が起きています。前者の「北海道東方沖地震」では北海道東部を中心に被害はありましたが、犠牲者は出ていません。しかし、より震源に近い北方四島で震害と津波で 11 名が犠牲になっています。

　1952 年と 2003 年の「十勝沖地震」の震源域の南西側では 1968 年に青森県東方沖を震源とする「十勝沖地震」（M7.9）が発生しています。函館や青森を中心に北海道南部や東北地方で被害が多く、鉄筋コンクリートづくりの建築の被害が話題になりました。また津波は三陸沿岸で 3 m から 5 m、襟裳岬で 3 m を記録、船舶の流失や沈没が 127 隻、家屋の浸水が 529 棟でした。

●三陸はるか沖地震　十勝沖地震の南西側に接するように 1994 年に発生した M7.6 の地震で、八戸を中心に死者 3 名、全壊家屋 72 棟などの被害が出ており、弱い津波も発生しました。

●貞観の三陸沖地震　日本海溝の地震は三陸沖から宮城県沖、さらに福島―茨城県沖へと続きます。三陸沿岸域での津波は 869 年に発生したこの地震（M8.3）がその最初の記録です。1000 年に一度の超巨大地震とよぶ研究者もいるようです。ただ巨大地震であることは間違いなく、震害で多くの建物や垣壁などが破損、倒壊し、津波での溺死者が 1000 名とされています。当時の三陸地方の人口密度を考えると非常に大きな値であったことは間違いありません。

●慶長の三陸沖地震　1611 年に発生し、M8.1 と推定されています。三陸沿岸と北海道東岸で津波の被害が大きかったが、震害は報告されていません。1933 年の「（昭和の）三陸沖地震に類似していると言われています。

●延宝の三陸沖地震　1677 年に発生した地震で M7.9 です。八戸や盛岡で震害があり、三陸海岸一帯に津波の被害がありました。1968 年の十勝沖地震に類似しています。

●宝暦の八戸沖地震　1763 年に発生した M7.4 で、1 月 29 日の本震発生前から地震があり、余震も多かったです。八戸付近で若干の被害があり、函館

でも強く揺れ、津波もありました。こちらも被害状況が 1968 年の十勝沖地震と似ているので、震源地域は推定地域より北という説があります。

●**寛政地震**　1793 年に現在の岩手、宮城、福島、茨城の各県で震害が大きかった地震（M8.0 から M8.4）が発生しました。仙台領内だけで家屋の損壊 1000 余棟、12 名の犠牲者が出ており、江戸でも被害が出ています。津波は三陸沿岸から茨城沿岸、さらに銚子にまで達しています。震源域は三陸沖より宮城県沖に近い巨大地震と推定されたが「明治三陸地震津波（明治三陸沖地震）」に似ているとの意見もあります。

●**安政の八戸沖地震**　1856 年に M7.5 を記録した地震で、震害は少なかったようですが津波が三陸沿岸や北海道南部の海岸を襲いました。南部藩でも八戸藩でも津波による死者が出ています。津波の様子が 1968 年十勝沖地震に似ており、震源は推定されている地点よりも、もっと沖であろうとの意見も出ています。

●**（明治）三陸沖地震**　1896 年に発生した M8¼ の地震で、震害はないので現在のいわゆる「スローアースクエイク」、「サイレントアースクエイク」、「ヌルヌルあるいはユックリ地震」などとよばれる地震と考えられています。津波は北海道から三陸海岸、牡鹿半島にいたる海岸に襲来し、犠牲者は岩手県で 1 万 8158 名、宮城県で 3452 名など合計 2 万 1959 名、家屋の流出・損壊は 8000 棟から 9000 棟、船の被害は 7000 隻でした。津波の最大波高は綾里湾で 38.2 m、田老で 14.6 m が記録され、ハワイやアメリカのカリフォルニアにも達しました。典型的な津波地震で「明治三陸津波」よばれます。

●**宮城県沖での地震**　1898 年に宮城県沖で M7.2 の地震が発生し、青森、岩手、宮城、福島の各県で小さな被害が出ましたが、全体に震害は少なく、津波の波高も釜石で 1.2 m、北上川河口付近で 0.3 m から 0.6 m でした。余震が多かったです。

●**（昭和）三陸沖地震**　1933 年 M8.1 の地震が発生し、震害は少なかったですが、津波は太平洋沿岸を襲い、三陸沿岸を中心に死者・行方不明者 3064 名、家屋の流失 4034 棟、倒壊 1817 棟、浸水 4018 棟でした。津波の最大波高は綾里湾で 28.7 m に達しました。東京大学地震研究所創立後、初めての大津波発生で、組織的な調査を実施、一冊の報告書にまとめられています。

●**青森、岩手、山形での地震**　1960 年の地震（M7.2）は青森、岩手、山形でわずかな被害と地変が生じました。津波も発生しましたがその全振幅は 10 cm から 30 cm 程度でした。前日の 22 時 37 分（M5.6）と 22 時 45 分に前震があり、23 日 9 時 23 分に最大余震（M6.7）が発生し、小さな津波も伴いました。前震―本震―余震型の地震です。この地震の震源域からおよそ 150 km 南の海域で 50 年後に「東北地方太平洋沖地震」が発生したのです。宮城県沖とよばれるような地震が発生する確率は 2008 年 1 月 1 日から 30 年以内では 99 ％ と言われていた海域で M9.0 の地震は発生したのです。それ以前にも宮城県沖では M7 クラスの地震が繰り返し発生していました。

●**宮城県沖での地震**　1616 年、M7.0 の地震が起き、江戸でも地震を感じていました。仙台城の櫓、石壁、石垣の破損の記録が残っていますが、津波は小さかったようです。

　1646 年、M6.5 から M6.7 の地震が起こり、仙台城、白石城の櫓、建物、石壁、石垣などの損壊が報告され、会津で地割れ、江戸でも揺れを感じていますが津波が発生したという記録は見あたらず、海溝沿いの地震というよりプレート内地震と推定されています。

　1897 年、仙台湾近くで「宮城県沖地震」（M7.4）が起こり、岩手、宮城、山形、福島で小規模の被害が発生しました。津波の記録がないので 1646 年の地震と同じようにプレート内地震と考えられています。この地震から半年後の 1897 年 8 月 5 日、この震源域から北東に 150 km 離れて、M7.7 の地震が発生しています。この地震では津波により三陸沿岸に小さな被害が出ています。津波の高さは盛で 3 m、釜石で 1.2 m でした。

　1936 年には金華山沖で「（昭和のあるいは 1936 年の）宮城県沖地震」（M7.4）が発生し、仙台市を中心に家屋の全壊・半壊数棟の被害が出ました。そのほか宮城・福島県境付近でも屋根瓦の落下や道路の亀裂などの小被害が発生しています。津波は八戸で全振幅 67 cm、女川で 90 cm と小さかったです。同じような地震が金華山沖で 1937 年に発生しましたが、M7.1 とひとまわり小さな地震で震害も津波も起きませんでした。

　1978 年「（1978 年）宮城県沖地震」（M7.4）が発生しました。被害は宮城県に多く、犠牲者は 28 名、住居の全壊 1183 棟、半壊 5574 棟などの被害

が出ています。造成地に被害が集中し、ブロック塀の倒壊による圧死者が18名に達しました。震源が40kmと深かったためか津波は小さく、近くの仙台港で最大波高が49cmでした。本震発生の5分前にM5.8の前震があり、2日後にM6.3の最大余震が発生した前震―本震―余震型でした。

2003年の地震（M7.1）は宮城県沖の深さ72kmプレート内地震で、宮城、岩手では震度6弱の地点もありましたが被害は小規模で済みました。震源の位置から「三陸南地震」ともよばれます。

このように宮城県沖だけの地震ではM7クラスの大地震でも、大きな災害の起きた例は少ないです。

●福島沖から茨城沖の地震活動　福島県沖から茨城県沖にかけての地震活動のパターンは超巨大地震の発生で大きく変化しました。余震活動が地震発生から10年以上が経過した2022年になっても活発に続いています。この付近の沿岸海域に沿ってM7クラスの地震が頻発し、ときには震度6強を記録することもあります。

超巨大地震発生直後、研究者の誰もが余震は10年から20年ぐらいは続くと考えていたと思います。私もその一人です。しかし有感地震は次第に少なくなると考えていましたが、10年以上が経過してもM7クラスの余震（気象庁は余震とはよばないかもしれません）が、これほど頻発するとは、私は予想していませんでした。もちろん微小地震まで含めると、1891年の「濃尾地震」の例から、余震活動が100年以上は続くと考えていましたが、長い目で見れば群発しているのではないかと思えるようなM7クラスのこの地域での頻発を予測はしていませんでした。日本人研究者たちには未経験の現象が起きていると注視し続けることが必要です。

ただこの海域では、過去にも大地震が群発的に発生する傾向がありました。理由はわかりませんが、この地域での現在の群発的な余震活動は、その傾向の延長線上にあると言えるでしょう。

●延宝の房総沖地震　1677年、福島、茨城、千葉県の海岸に津波をもたらしたM8.0の地震が起こりました。震源は福島県塩屋崎沖全体で死者・行方不明者550余名、水戸領内だけで船の破損や流失353隻などの被害が出ています。本震の発生する前から地震が発生しており、前震―本震―余震型の地

震活動でした。

●塩屋崎沖の地震 1938年塩屋崎沖でM7.0の地震が発生し、福島県下で被害が大きく、沿岸の小名浜付近から内陸の福島、郡山、須賀川、会津に及び、家屋の被害250余棟、煙突の折損7か所などの被害が発生しました。また内陸の岩代熱海や飯坂などでは温泉の湧出量に異常が出ました。茨城県下でも煙突の折損、土蔵の被害などが起きました。

●福島県沖の地震 1938年11月5日、6日に「福島県沖地震」が発生しました。私たちはこの地震を「塩屋崎沖地震」あるいは「福島県東方沖地震」などともよんでいます。いずれにしても5日にM7.5とM7.3、6日にM7.4の地震が起きました。さらにM6.9の地震が7日、22日、30日と3回起きています。5日、6日の地震を主震群として、本震―余震型地震と考えても、その活動期間は3週間以上で、一種の群発地震的な活動でした。震源が海岸から70km以上離れていたので沿岸で小さな被害が発生した程度でした。また、それぞれの地震に対応して津波も発生しましたが、いずれも小さなものでした。

1987年にも福島県沖でM6クラスの地震が数回続けて発生した群発的な活動が起こりました。2月6日21時23分にM6.4、22時16分にM6.7の地震が発生、その後も余震が続いたので双発地震あるいは前震―本震―余震型の活動とも解釈できます。福島県と宮城県で窓ガラスの破損など軽微な被害が出ました。さらに同年4月7日と23日、それぞれM6.6の地震が起き、こちらも軽微な被害が出ています。また10月4日にもM5.8の地震が起きました。

いずれの地震も震源域は海岸から100km以上離れていますが、2月から10月の間に十数回の有感地震が記録されています。茨城県沖から房総半島沖での地震活動も、高くはありませんでしたが、東北地方太平洋沖地震発生後にどのような変化が起こるかは、数十年のタイムスケールで注視する必要があります。

●(明治の) 房総沖地震 1909年3月13日、08時19分にM6.7、23時29分にM7.5の2つの地震が発生し「(明治の) 房総沖地震」とよばれています。1回目の前震による被害は軽微でしたが、2回目は横浜で煙突やレンガ

壁の崩壊などの被害がありました。津波の発生情報はありません。

●**（昭和）房総沖地震**　1953年に発生したM7.4の地震です。日本海溝、伊豆─小笠原海溝、さらに北から延びてきている相模トラフの交差する地域、3枚のプレートの接する地点付近が震源です。震源の深さは40kmから60kmと深いですが、津波が発生し房総半島や伊豆諸島に襲来しましたが被害はありませんでした。津波の波高は銚子で最大2mから3m、八丈島で1.5m、そのほかの地域では検潮儀の記録によって認められる程度でした。

●**八丈島東方沖の地震**　1972年2月29日、八丈島東方沖の深さ30km付近でM7.0の地震が発生しています。伊豆─小笠原海溝沿いの地震で、八丈島では家屋の一部破損が271棟あり、断水や道路の損壊もありました。津波は検潮儀の記録上で10cmから20cmと認められる程度でした。

　同年12月4日にも八丈島東方沖で「八丈島東方沖地震」（M7.2）が発生し、八丈島と青ヶ島で落石や道路の被害が出ました。八丈島では震度6でしたが人的被害や建物の被害は軽微でした。

●**千葉県東方沖の地震**　2012年、千葉県東方沖でM6.1の地震が発生しました。東北地方太平洋沖地震の震源域周辺で起こり、余震または遠方で誘発されたと解釈する研究者もいる地震です。最大震度5強、1名が犠牲になりました。

　このように見ると、千島海溝から日本海溝沿いの太平洋沿岸から沖合にかけては、地震活動が活発だと思います。しかし、地震に伴う被害は地域やその住民の一人ひとりの感性で大きいか小さいかに分かれるでしょう。起こっている現象をよく理解することが無用な心配をしないことにつながります。

4.3 │ 後発地震注意報

　2022年12月16日から気象庁は「北海道・三陸沖後発地震注意報」を発表するようになりました。その前提の話として「後発地震」という専門用語は私のような昭和時代に地震学教育を受けた者にはわかりにくい名称です。

　2016年4月の熊本地震は14日に起きたM6.5の地震に続き、2日後の

16日にM7.3の地震が起きました。震源地は九州北部を東西に横断する別府—島原地溝帯の南西端付近で、最初の地震の後、東側の大分県北部や阿蘇山付近で小規模の群発地震が発生していました。気象庁はそれらの本来なら独立した群発地震と解釈すべき地震を余震と解釈していたのです。ところが最初の地震に続いて、より大きな地震が起きたので、M7.3の地震を本震、最初の地震を前震として、前震—本震—余震型の地震活動と説明していたのが、いつの間にか余震という言葉を使わなくなりました。その後は、のちに続く本震より大きな地震は「後発地震」とよぶようになったようです。

「地震はほとんど本震—余震型で発生する」は大森房吉によって提唱されて以来、地震学でも教育されてきていた地震活動の一つの基本パターンです。熊本地震のような前震—本震—余震型は多くはないのです。また群発地震や双発地震の発生する地域は、過去の例からほとんどわかっています。したがって現在の気象庁の発表のように、地震が起こるたびに「1週間程度は同じような強い揺れの地震が起こる可能性があるから注意」と極めて歯切れの悪い呼び掛けがなされるようになったのです。一般に余震は本震よりはM1程度、最大震度も1以上は本震より小さいのです。だからその発表のほとんどを私は国民に余計な心配をさせる発表ととらえています。私が知る限りでは2022年の1年間で、このような発表が的を射たのは能登半島先端付近で続いている群発地震のとき、ただ1回だけでした。

2011年3月9日11時45分、宮城県牡鹿半島の東約160kmの北緯38.3度、東経143.3度、深さ10kmの地点でM7.3の地震が発生しました。登米市、栗原市などでは最大震度5弱を記録し、気象庁は津波警報を発し、波高数十cmの津波が宮城県太平洋沿岸地域で記録されました。

11時57分には先の地震の震源近くでM6.3の地震が発生し、最大震度3でした。さらにその1時間以内に付近で3回の地震が発生しました。3月10日6時24分には最大余震となったM6.8の地震が発生、前日からの余震は30回に達し、典型的な本震—余震型の地震と考えられました。

文部科学省の地震調査研究推進本部が実施している長期予測で「30年間の発生確率99％」という高い確率で宮城県沖にはM7クラスの地震が発生するとされていたので、この地域の地震活動に関心を寄せる研究者たちは、

予測されていた地震が発生したと考えたようです。それは当時の知識としては至極当然でした。ところが2日後の11日にM9の地震が発生しました。研究者たちは9日の地震を「前震」だったと解説していました。

　3月11日14時46分、仙台湾の東沖合200 kmの北緯38.1度、東経142.9度、深さ24 kmを震源とするM9の東日本大震災が発生しました。日本列島付近で観測された初めての超巨大地震です。この地震の巨大さを表す一つの事象として、気象庁の「マグニチュード」の発表がありました。地震発生を知らせるニュースの中で最初はこの地震のマグニチュードはM7クラスであったのが、時間が経過するとともにM8クラスと大きくなり、最終的にはM9と決められました。最初にマグニチュードを決めた波形が震源近くの観測点に到着した頃には、まだ地震は継続中、つまり地震を発生させる断層はまだ割れ続けていたのです。南北の長さ500 km、幅200 kmが震源域で、推定される断層の大きさとなります。この断層が形成されるのに要した時間、つまり破壊が始まってから終わるまでの地震の継続時間は120秒程度と求められています。

　1965年、地震予知研究計画が発足した頃、前震は大地震を予知する一つの手段になると考えられていました。地震がほとんど起きていない地域で、突然小さな（たとえばM3クラスの）地震が起こると、それに続いて被害を伴うような地震が起こる可能性が高いからと、前震は予知の一つの手段となりうると考えられていたのです。しかし実際には、日常的に地震活動が起きていない地域に、ポツンと小さな地震が起きても、それに続いて被害を伴う地震が起こることを予測することは不可能に近いことがわかってきて、地震予知に関しては前震に注目することはなくなっていました。

　気象庁の発表では千島海溝、日本海溝沿いでは2年に1回ぐらいの割合でM7クラスの地震が発生している、そしてM7クラスの地震が発生すると1週間以内にM8クラスの巨大地震やM9クラスの超巨大地震が100回に1回程度の割合で起こる可能性が高いので、注意情報を発して注意を喚起しようと新設されたのが「北海道・三陸沖後発地震注意報」です。

　次章で詳述する南海トラフ沿いの地震も、1944年の東南海地震（M7.9、Mw8.1）と1946年の南海地震（M8.0）と、短い時間では30時間、長いと

2年間ぐらいの時間間隔で続発する性質があり、続いて起こる地震を「後発地震」とよんでいます。気象庁は南海トラフ沿いの後発地震に対しても「臨時情報」を出して、注意を喚起することになっているので、南海トラフ沿いの地震と同じように大きな被害が予想される千島海溝、日本海溝沿いの地震に対しても注意情報を発することにしたようです。

　そこで明確にしておきたいのは北海道・三陸沖の後発地震は、その前に起きる「前震」に相当する地震よりマグニチュードが1以上は大きいのです。前震に相当する地震は大地震（M7クラスの意）ですが、後発地震は巨大地震か超巨大地震とよべる地震で、津波の被害が予想される地震です。これに対して南海トラフ沿いの地震は2つとも巨大地震なのです。最初の地震と後発地震とは同じように大きな津波を伴う地震と考えられます。同じような地震が2つ続くので後の方を「後発地震」とよんでも違和感はありません。北海道・三陸沖の地震をこのようによぶのは誤解を生む命名だと思います。

　気象庁が根拠とするデータがどのようなものか十分理解していないので、無責任な記述になるかもしれませんが、北海道・三陸沖で本当に2年に一度ぐらいの頻度でM7クラスの地震が起きているのかという疑問があります。またM7クラスの地震の後M8クラスの地震の「後発地震」が起きる割合は100回に1回程度だという、単純計算ではこのような後発地震は200年に1回しか起きないことになります。

　あるテレビ番組では、東日本大震災（東北地方太平洋沖地震）とともに、1963年10月13日の択捉島付近（北緯44.0度、東経149.8度、M8.1）の地震を取り上げ、その18時間前に、付近でM7.0の地震が起きていたと解説されていました。またこの地震による津波の被害は軽微で花咲で1.2 m、八戸で1.3 mでした。

　100回に1回のM7クラスの地震に対し、巨大地震の発生する割合は100回に1回という話とは矛盾し、この地震の50年後には東日本大震災が発生しているのです。50年後には起こったのだから、注意情報を発する価値はあるとの意見が出るでしょう。しかし日本海溝沿いでは、すでに記しているように「明治三陸沖地震」（M8¼）、「昭和三陸沖地震」（M8.1）などは前震がなく、突然発生しているので後発地震とはよべず、余震も少なかったです

が本震―余震型の地震でした。

　したがって、千島海溝、日本海溝沿いの巨大地震の発生前に、必ず注意情報が発令されるわけでもないことを、まず理解することです。突然巨大地震が発生して大津波に襲われることはいままでと変わりません。

　情報が出たから必ず巨大地震が発生するわけでもありません。むしろ情報が出ても巨大地震が発生しないことの方が断然多いのです。その通りになる確率が極めて低いのに、情報が発せられるのです。私たちはその情報にどのように対処したらよいのでしょうか。

　この情報発信が施行される数日前のテレビのニュースの中で、世論調査の結果が報じられていました。驚いたことに 30％ 以上の視聴者は情報が発せられたら「必ず地震が起こる」と思っていることでした。2 回に 1 回ぐらいの割合で起こると考えている人を含め、半分以上が「近いうちに巨大地震発生」を信じていました。100 回に 1 回と正しく理解していた人は 10％ 以下でした。ただこれは回を重ね、そのたびに啓発を続ければ、一般常識になっていくでしょう。地震に成熟した社会の一つの姿がそこにあります。

　そのうえで個人、行政、企業などが、それぞれに適した対応を考えなければなりませんが、「津波が来るから 1 週間ぐらいは高台に避難しておく」などという対策は過剰な対応です。せいぜい地震が発生したら津波が来るから「日頃から用意してある防災グッズをもっていつでも避難所に行ける準備をしておく」程度でしょう。そのような注意を 1 週間程度続けることによって、地震が発生した場合の犠牲者が少なくなる、皆無にしたいというのが、この注意報の主旨です。

　2022 年 9 月 30 日、政府の中央防災会議は、千島海溝、日本海溝沿いで巨大地震、あるいは超巨大地震が起これば津波で最大 20 万人の犠牲者が予想される、著しい津波災害のおそれのある地域として北海道羅臼町から、青森、岩手、宮城、福島、茨城、そして千葉県銚子市までの太平洋に面した 7 道県 108 市町村を「特別強化地域」に指定しました。寒冷地では積雪期には避難に時間がかかることも考慮した対策が求められています。

　注意報の対象はこの地域になります。巨大地震、超巨大地震は起こらなくても、この地域は日本列島内では地震の多発地帯に面しているのです。自分

88 第4章 大地震の発生地域

が経験するか否かわからない 200 年に 1 回の巨大地震、1000 年に 1 回の超巨大地震を心配するより、2 年に 1 回と言われる大地震に備える方が、地震対策としては重要でしょう。第 6 章で述べる抗震力を考えていれば、地震の大小に関係なく、いざというときに少なくとも自分も家族も命を失うことのない行動が取れるのです。

4.4 フィリピン海プレートの形成するトラフや海溝

　南から日本列島に押し寄せ、巨大地震を発生させてきたフィリピン海プレートは地球上でも特異なプレートです。プレートテクトニクス論では、プレートは地下深部から物質が上昇してきて地表に噴出し海嶺を形成します。するとプレートが海底を拡大しながら移動し、ほかのプレートと衝突し海溝を形成し、地球内部に沈み込んでゆくと説明されています。ほとんどのプレートは海嶺―海溝がセットとなって地球表面に存在しているのです（図4-4）。

　ところがフィリピン海プレートには明瞭な湧き出し口（噴出口）が存在しません。フィリピン諸島東側のフィリピン海で地下深部から上昇してきたマントルプルームとよばれる物質が海底を形成している海洋プレートと考えられています。このように海嶺の形成を伴わないプレートの一つが南極プレートです。南極プレートも湧き出し口は明瞭ではありません。周辺海域で南極大陸の外側を形成する環南極地震帯がプレート境界になっているので、その地震帯は外側へと拡大を続けています。南極プレートの面積は 100 万年間に 50 万 km^2 で、ほぼフランス本土に匹敵する面積の割合で拡大していると考えられています。フィリピン海プレートもそれに似たプレートですが、いまのところ、その周囲は海溝でしっかりと固められているようです。1980年頃の関係者の間に広まった逸話があります。ある地球物理学者がプレートテクトニクスに関して天皇、皇后（現上皇ご夫妻）にご進講したとき、「フィリピン海プレートの湧き出し口はどこか」とご下問があったがはっきり答えられなかったという話です。当時の知識ではまだマントルプルームがようやく提唱され始めた頃でした。

4.4 フィリピン海プレートの形成するトラフや海溝　89

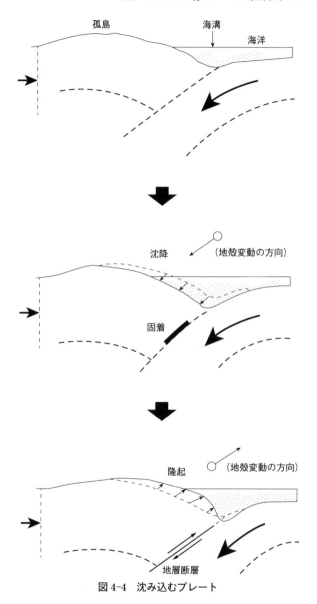

図 4-4　沈み込むプレート

フィリピン海プレートは太平洋の北西部を占めるフィリピン海がそのおもな領域です。その東縁は伊豆―小笠原海溝、マリアナ海溝、さらにヤップ海溝へと続きます。東側から押し寄せる太平洋プレートがフィリピン海プレートの下に沈み込んでいます。

北縁は相模トラフから駿河トラフ、さらに南海トラフと続き、フィリピン海プレートがユーラシアプレートの下へ、ゆっくりと沈み込んでいます。西縁は南西諸島（琉球）海溝からルソン島西側のマニラ海溝、フィリピン海溝へと続き、やはりユーラシアプレートの下に沈み込んでいます。

南の端はニューギニア西部、インドネシア・パプア州の北海岸付近で、フィリピン海プレートはユーラシアプレート、オーストラリアプレートと衝突しています。ここに小さなマイクロプレートの存在を指摘する研究者もいます。この付近は複雑で未解明の部分が多いです。

海洋プレートのフィリピン海プレートですが、その上には伊豆半島、伊豆諸島、鳥島、西之島、硫黄列島などの火山が東縁に沿って南北に並んでいます。これらの島々はプレートの上に乗って北へと移動しています。伊豆半島はその典型で、火山島として北上し、本州と衝突したのです。その横からの圧力によって陸地が圧縮され隆起したのが神奈川県北部にある丹沢山塊です。それと同時に箱根山や富士山の火山も形成されました。

日本列島は糸魚川―静岡構造線とよばれる新潟県の糸魚川から長野県の安曇平、松本盆地、諏訪湖から甲府盆地、そして富士川と続くフォッサマグナの西縁を境界に東側が北アメリカプレート、西側がユーラシアプレートに属しています。ただ伊豆半島だけはフィリピン海プレートに乗って北上し、日本列島に衝突して現在の形になりました。伊豆半島はフィリピン海プレートに属しているのです（図4-5）。

その衝突点付近はユーラシアプレートと北アメリカプレートの境界を形成するフォサマグナの南限になります。フォッサマグナの西縁の富士川河口から富士山南麓を東へ進み、伊豆半島北部、箱根山の北側から相模トラフに続くのがフィリピン海プレート北東端のプレート境界となります。その部分の北側は北アメリカプレートと太平洋プレートが重なっている領域です。その相模トラフ沿いのプレート境界で繰り返し発生しているのが関東地震です。

4.4 フィリピン海プレートの形成するトラフや海溝　91

図4-5　4枚のプレートが接している日本列島

　フィリピン海プレートの上には大東諸島も位置しています。大東諸島は沖縄本島の東340 km付近に点在する島嶼群です。人が住む最大の南大東島、東大東島、無人島の沖大東島と大小の小島が並びます。100万年前から20万年前にできたサンゴ礁が隆起してできた島です。やはりフィリピン海プレートに乗って南から現在の位置に北上してきて、現在も北から北西方向に移動しています。

　フィリピン海プレート上の島としてフィリピン諸島の中で最北端に位置し、フィリピンの首都マニラの位置しているルソン島があります。伊豆諸島や硫黄諸島と同じ火山島であり、地震活動も活発な地域です。

　フィリピン海プレートが日本列島に接する伊豆半島付近から西側の太平洋岸は大地震の発生地帯です。相模トラフの関東地震、駿河トラフから南海トラフに続く海域では東海地震、東南海地震、南海地震が発生しています。南海トラフの西側から南西諸島海溝にかけては「日向灘地震」とよばれる地震が繰り返し発生する地震の多発地帯です。巨大地震の発生記録はありませんがM6からM7クラスの地震が17世紀から今日まで、10回以上発生しています。

　1662年11月1日（10月31日深夜）に、発生地域から「外所地震」

（M7.6）とよばれている地震が日向、大隅で発生しました。「宮崎県沿岸七ヶ村周囲七里三五町地埋没して海となる」の記録があり、津波は 4 m から 6 m と推定されています。

1909 年 11 月 10 日には、この地域最大の M7.6 の地震が発生し、宮崎市や県西部で全壊家屋が 4 棟の被害が発生したほか、四国や広島、岡山でも被害が出ています。この地震の深さは 150 km と深いため、広い範囲で揺れた割には、被害は小さかったようです。1941 年、1961 年、1968 年（「1968 年日向灘地震」）にもそれぞれ M7.4、M7.0、M7.5 の地震が発生しています。

1911 年 6 月 15 日には「奄美大島沖地震」（M8.0）が発生しています。南西諸島で発生した最大の地震で、この地震について私たちは「喜界島地震」（M8.2）と命名していました。震源が海上で、しかも深さは 100 km でしたので震害は少なかったのですが、有感半径は北東方向が福島県で 1380 km、南西方向は台湾の台南で 1220 km と、大正関東大地震の 770 km、濃尾地震（M8.0）の 880 km よりは、はるかに遠方でも地震を感じていました。南西諸島付近で発生した地震としては最大で、これまで記録された、ただ一つの巨大地震でした。この地震に関して『理科年表』（丸善出版）では「奄美大島地震」と命名されています。

南西諸島付近の過去の地震としては、1771 年 4 月 24 日、M7.4 の地震で大津波が発生し、宮古島や八重山列島に大きな被害が出ています。震源に近い石垣島でも震度 4 程度で震害はなかったが、津波が八重山列島や宮古列島を襲いました。石垣島では（遡上高と推定されますが）40 m から 85 m の高さの津波が襲来し、全島の 40 ％ が津波に洗われ、人口の 90 ％ が犠牲になった集落もありました。当時の石垣島の全人口は 1 万 7349 名で死者・行方不明者 8439 名（もう少し多い資料もある）とおよそ半数が犠牲になり、八重山列島全体では全壊・流失家屋が 2200 余棟、溺死者 9400 余名を数えました。

島の東海岸には標高が 10 m 以上も高い地域にまで津波で運ばれたという直径数 m 以上の大石が点在し、津波石群とよばれています（写真 4-1）。

また宮古島でも高さが 40 m の津波に襲われ、列島全体では家屋の全壊・流失が 800 余棟、死者・行方不明者 2463 名が出ており、津波により 1 万

写真 4-1　1771 年の地震により形成された石垣島東海岸の津波石群の一つである津波大石（つなみうふいし）

2000 名が死亡または行方不明になっています。石垣島同様津波で運ばれたという巨石が残っています。この両列島以外に被害の報告はありません。

1836 年 4 月 22 日から 29 日に琉球諸島で数十回の地震が群発しています。一つひとつの地震はその被害が大きくても石垣が崩れる程度でした。1901 年 6 月 24 日、奄美大島近海で M7.9 の地震が発生し、関東地方でも有感でした。そのほかにも 18 世紀以後今日まで M6 クラスの地震が 4 回発生しています。

南西諸島海溝の南端に面する台湾でも、M7 クラスの地震がときどき発生し、2024 年 4 月にも台湾東方沖で M7.7 の地震が起きています。このようにフィリピン海プレートの北端には人口が多い都市が並び、地震の被害の多い地域になっています。

4.5　南海トラフ沿いの巨大地震

1970 年代に発せられた「東海地震発生説」も 1990 年代の「（西日本に）大地震は切迫している」とのキャンペーンも南海トラフ沿いの巨大地震を意識しての話でした。

94　第 4 章　大地震の発生地域

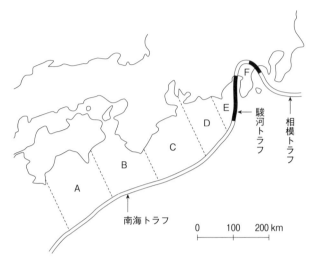

図 4-6　南海トラフ沿いの巨大地震

　南海トラフ沿いの地震としては、古くは 684 年 11 月 29 日（天武天皇 13 年 10 月 14 日）に発生した M8¼ の地震で、『理科年表』（丸善出版）には「天武天皇の南海・東海地震」と命名されています。以後 8 回の地震が記録されています（図 4-6）。

　この地域の巨大地震の発生には 2 つの特徴があります。その第一は巨大地震がペアで起きることが多いことです。1854 年 12 月 23 日と 24 日「安政東海地震」（M8.4）と「安政南海地震」（M8.4）が 32 時間の間を置いて続けて起こりました。同じ例として 1944 年 12 月 7 日の「東南海地震」（M7.9）

と 1946 年 12 月 21 日の「南海地震」（M8.0）があります。この場合は 2 年後に同じ規模の巨大地震が発生しています。

また、1096 年 12 月 17 日に「永長の東海地震」（M8.0 から M8.5）が発生し、2 年 2 か月後の 1099 年 2 月 22 日には「康和の南海地震」（M8.0 から M8.3）起こりました。この時代になると史料が十分でないので、この地震がペアの地震ではなく、畿内の内陸地震とする説もありますが、マグニチュードを信じると巨大地震なので、南海トラフの地震とするのが正しい解釈と思います。

同じような例は 1361 年 8 月 3 日の「正平の南海地震」（M8¼ から M8.5）の相手の問題です。1360 年 11 月 22 日、紀伊、摂津に被害をもたらした地震（M7.5 から M8.0）が起きており、これが相手とする説や 1361 年 8 月 1 日に発生した「正平の畿内地震」（『理科年表』での記載）とよんでいる地震がその相手とする説などがあります。後者の場合、たしかに京都付近で地震が多く、奈良法隆寺の築地塀が崩れたなどの被害が報告されていますが、マグニチュードも決まっていません。ペアの相手の地震としては小さすぎるようです。

このように不明確な点がありますが、少なくとも 9 回のうち 3 回、あるいは 4 回は数時間から長くて 2 年以内に 2 つの巨大地震が発生しています。また当時の情報伝達を考えると、2 つの地震が数時間や数日の間を置いて発生しても、きちんとした記録にはならず、一つの地震として伝わっている可能性もあります。

以上の事実から南海トラフ沿いの地震は 9 回としましたが、発生した地震の数は十数回になるのです。

第二の特徴はその発生間隔の違いです。684 年の「天武天皇の南海・東南海地震」から 1361 年の「正平の南海地震」までは 203 年、212 年、262 年と 200 年以上の間隔で発生していたのが、その後の 1854 年の「安政の東海地震」、「安政の南海地震」までは 137 年、107 年、102 年、147 年と 100 年代の前半の間隔です。そして 1944 年の東南海地震が 90 年とさらに短い間隔で起きています。

古い時代は史料がない場合もあるかもしれませんが、得られている史料に

96　第 4 章　大地震の発生地域

従う限り、1361 年の「正平の南海地震」を境として、発生間隔に違いが生じる「何か」があったのかもしれません。もしかしたらフィリピン海プレートの移動速度なり移動の方向に変化が生じたのかもしれません。

　1944 年の「東南海地震」が 90 年の間隔で発生したことも、研究者によって解釈が異なります。発生間隔の値が 3 桁から 2 桁になったので、これを意味のありそうな変化と考えるか、100 年に近いのだから、100 年から 150 年間隔の仲間に入れてもよいだろうと考える研究者もいました。1970 年代の東海地震発生説も 1990 年代の大地震切迫説もその発生間隔が短くなる可能性も考慮に入っているのです。

　さらにこの十数回の南海トラフ地震の発生月に気になることがあります。ペアとしてはっきりしている 13 回の地震のうち、5 回が 12 月、2 回が 11 月（22 日と 29 日）と 11 月末から 12 月の 40 日間に半分以上が発生しています。2 月に発生した例が 3 回、8 月が 2 回です。逆に 3 月から 7 月の 5 か月間は発生した例はありません。

　日本列島内の地震発生に関し、季節性が明瞭に認められた例は記憶にありません。この南海トラフ沿いの地震に関しても偶然だと考えられますが、フィリピン海プレートが沈み込んでいる西日本の地表面の変化、たとえば冬季の積雪での荷重変化、春からの樹木の葉が増えての荷重変化などが関係している可能性も考えられますが、ただ話題として話が出る程度で、明確な結論は出ていません。

　1707 年 10 月 28 日の「宝永の南海・東海地震」（M8.6）は死者が 5 千余名、潰れた家 5 万 9 千余棟、流失家屋 1 万 8 千余棟、震害は東海道・伊勢湾沿い・紀伊半島で多く、津波は伊豆半島から九州の太平洋沿岸や瀬戸内海にも達しました。日本列島での史上最大の被害を伴った地震の一つで、震源域は遠州灘沖から四国沖までの広範囲で、東西方向の断層の長さは 500 km を超えるでしょう。1000 年に 1 回の超巨大地震と考えられています。

　この地震が話題になるもう一つの理由は、およそ 1 か月後の 11 月 23 日に富士山が「宝永の大噴火」を起こしたことです。300 年前の出来事ですが富士山としては最も新しい、最近の噴火です。研究者の中にはこのただ 1 回の事象を基に、大地震発生と火山噴火の関連を吹聴し続けている人がいま

す。富士山ばかりではなく、近くの伊豆大島と関東地震を結びつけたことも
ありました。そのような説が出て以来、今日まで50年間以上、たとえ偶然
にしてもそのような現象が起きた例はありません。地震と火山は親がともに
プレート運動という兄弟の関係ではありますが、親子の関係ではありませ
ん。火山噴火に関連して火山体周辺で発生する火山性地震や火山体周辺で異
常に群発地震が発生したというような場合を除いては、火山噴火が起きたか
ら大地震が発生する、あるいは大地震が起きたから火山が噴火するというこ
とはありません。

　火山体周辺で起こる地震は火山性地震とよびます。火山性地震は最大でも
そのマグニチュードは5程度で、大地震が起きることはありません。日本列
島ではM6クラスの地震だけでも毎年数回は起きています。このような話を
する研究者の中には、M7以上の大地震発生の話をしていても、M6クラス
が起こると、自分の予測が当たったと語る人がいます。M6クラスの地震は
ときたま起きますので、「地震が起きると言えば必ず当たる」のです。この
ような妄言には迷わされない知識をもつ、すなわち地震に成熟した社会の構
築が必要なのです。

　話を南海トラフ沿いの巨大地震に戻します。次の地震はいつか。すでに東
海地震発生説、大地震切迫説は挫折しています。私は次の南海トラフ沿いの
地震は100年周期の仲間として起きるのではないかと予測しています。特
別に根拠はありません。フィリピン海プレート北東端で起こる関東地震も
1200年代から今日まで、同じ時間間隔で起きていますので、南海トラフ沿
いの地震も1361年の「正平の南海地震」以後は同じような時間間隔で起き
るだろうと考えているだけです。100年ぐらいの間隔で起こるとすれば、前
回が1944年の東南海地震と1946年の南海地震ですから、中間の1945年か
ら100年後の2045年前後から2095年頃までの間、21世紀の後半には、南
海トラフ沿いで巨大地震が発生するだろうと予測します。巨大地震がペアで
起こるか、ただ1回の超巨大地震になるかもわかりません。さらに、22世
紀の後半にも南海トラフ沿いの次の地震が起きると私は考えています。

98　第 4 章　大地震の発生地域

4.6 | 超巨大地震の予測

　政府は東日本大震災で、南海トラフ沿いの地震の見直しをしました。それ
までは宝永の巨大地震を念頭に震源域を想定し、想定震度分布図を作成して
いましたが、東北地方太平洋沖地震の発生で、M9.1 の超巨大地震が発生す
ることを前提として改めて震源域を想定し、それに基づいて被害や被害額も
見直されました。

　2012 年 8 月に発表された超巨大地震は「南海トラフ巨大地震」（M9.1）
と称されました。その結果、従来は東海地方から西日本一帯の太平洋岸がお
もな被災地域とされていたのが、内陸地域や瀬戸内海沿岸でも壊滅的な被害
を受ける可能性があると報告され、地元住民を驚かせました。中でも高知県
黒潮町では、津波の襲来はそれまで予想されていた最高 10 m が 34 m にな
るというのです。全体の死者も 32 万名と想定されています。日本で最悪の
死者を出した関東大震災でも 10 万名ですから、その数に多くの人が驚かさ
れたのです。

　このような大きな被害が想定されても、自治体レベルなら、海岸沿いに津
波避難タワーを建設するというような対策は取れますが、個人レベルではほ
とんど対応のしようがないでしょう。この報告が出されてから 10 年が経過
しましたが、対策がどの程度進んだのかという報道に接してはいません。

　2023 年 3 月 4 日と 5 日、NHK は 2 日間にわたり特別番組を組み、次の南
海トラフ沿いの地震を扱ったドキュメンタリーを放送しました。これによる
と最初の巨大地震で想定震源域の半分で発生し（これを「半割れ」と称して
いた）、それに続いて残りの地域で巨大地震が続発するというものでした。
次の南海トラフ地震は超巨大地震になるという印象を視聴者に与える番組と
感じました。しかし、1000 年に一度と言われ、1707 年の地震はその種の超
巨大地震とされていることを考えると、そんな超巨大地震が次に必ず発生す
るということは、ほとんどの研究者が実際には予測していないでしょう。

　また超巨大地震が起これば、政府が出している「高知県黒潮町の最大津波
高 34 m」というようなことがあるかもしれませんが、過去の例からはそれ
ほど大きな津波は来ないでしょう。とは言っても、個人の対策としては、将

来必ず巨大地震は起こりますから、そのときどうするかは第 6 章で解説します。この本を読まれている方の多くは成人の方々でしょう。巷で言われているいろいろな地震対策を多額のお金をかけて実施しても、もし次の地震が 2095 年頃に起こるとすれば、ほとんどの人には役立たないのです。まずはお金を使わず、生き延びる方法を身につけることが大切です。

4.7 | 内陸から日本海側の大地震

　ここでは日本列島内陸を中心に発生した地震を概観します。

●北海道　内陸地域ではこれまで M7 クラスの大地震は記録されていません。犠牲者 43 名が出た 2018 年の「北海道胆振東部地震」(M6.7) でも、M6 クラスの中地震です。震動よりも火山灰地域の地滑りで大きな災害になったのです。1959 年「弟子屈地震」は M6.3 と M6.1 の地震が 1 時間 40 分の間を置いて続発した双発地震として知られています。有珠山の噴火では火山性地震の群発が話題になりますが、地震そのものは大きくても M5 程度以下です。

●東北地方　1896 年の「陸羽地震」(M7.1) は奥羽山脈の西側の秋田県で千屋断層、岩手県で川船断層が出現し、両県では全壊家屋 5792 棟、死者 209 名の被害が生じました。それから 112 年後の 2008 年に南東方向に 50 km 離れた奥羽山脈東麓で「岩手・宮城内陸地震」(M7.2) が発生したのです。この地震による全壊家屋は 30 棟、死者 17 名でしたが、ともに震害ではなく地滑りにより家屋が破壊され、死者が出たのですが、その数は文字通り桁違いに小さくなっています。100 年間の建築技術の進歩を示す好例です。

　1894 年の「庄内地震」(M7.0) は山形県北西部で被害が大きく死者 724 名、全壊家屋 3858 棟、さらに全焼家屋 2148 棟の大きな被害が出ています。

　1900 年には宮城県北部で M7.0 の地震が発生、死傷者 17 名、家屋の全壊 44 棟の記録が残っています。東北地方の地震の被害はやはり海洋域で発生した地震によるものが圧倒的に多く、かつ大きいです。

●関東地方　特に首都圏では、次章で詳述するように、関東地震の発生した

後の 100 年前後から M6 から M7 クラスの地震活動が活発になることが繰り返されてきました。特に江戸時代以後は史料も増え、江戸を中心に被害をもたらした地震が報告されています。そして 1855 年の「安政の江戸地震」（M7.0）や 1894 年の「東京地震」（M7.0）などが、首都圏における典型的な直下地震として、その再来が危惧されています。

1931 年の「西埼玉地震」（M6.9）は、数少ない埼玉県下の地震です。死者 17 名、家屋の全壊 207 棟などの被害が出ています。

茨城県の南部、霞ヶ浦付近でも被害を伴う地震がときたま起きています。大正関東地震の 1 年 8 か月前に発生した 1921 年 12 月 8 日の「竜ヶ崎地震」（M6.8）では軽微な被害が発生しています。すでに述べましたが関東地域で発生した地震の震源地は東京大学地震学教室が東京大学や気象台のデータを使い、大森房吉や今村明恒が決定し、新聞記者に発表する慣習でしたが、この地震から中央気象台でも震源決定をして発表するようになりました。

千葉県北西部、東京都や埼玉県の境界付近では、ときどき深さが 50 km 以上で、M5 クラスの地震が起きています。ほとんどは震度も 3 から 4 程度で被害は伴いません。多発するときもありますが、大地震の発生とは直接関係ない地震です。

弘仁 9 年 7 月（818 年 8 月か 9 月頃）関東諸国（相模・武蔵、下総・常陸・上野・下野の諸国つまり北は群馬県から南は神奈川県まで）が大きな地震（M7.5 以上）に襲われました。萩原（前出）により、この地震の震源地は群馬・栃木の県境付近で内陸地震とされています。しかし第 5 章 1 節で述べるように、内陸の地震と関東地震とがほぼ同時に発生した可能性があります。ここでは栃木県、群馬県でも過去に M7 クラスの大地震が発生しており、今後もその可能性があることだけを指摘しておきます。

神奈川県は関東地震の震源地になりますが、878（元慶 2）年に北部の伊勢原断層が動いたとされる M7.4 の地震が起こり、相模国分寺をはじめ、ほとんどの建物が被害を受けた地震です。京都でも有感であったとされているほど歴史上神奈川県下内陸の最大の地震です。

1633 年、相模・駿河・伊豆に被害をもたらした地震（M7.0）が発生し、小田原での死者は 150 名でした。1782 年には「天明の小田原地震」（M7.0）

が起こり、小田原ばかりでなく江戸でも死者が出ています。

　神奈川県の西側に接する伊豆半島では841（承和8）年に「承和の北伊豆地震」（M7.0）が発生して、死者も出ています。1930年には同じ場所で「北伊豆地震」（M7.3）が発生し272名の死者が出ています。ともに丹那断層が活動した地震と考えられ、その後のトレンチ調査などから丹那断層の活動間隔は700年から1000年と推定されています（第6章、写真6-7）。

●北陸・甲信・東海地方　新潟県から長野県にかけてはフォッサマグナでM5からM6クラスの地震がときどき発生しています。本章の初めでも触れたように「新潟県中越地震」（M6.8）では68名の死者が出ています。M6クラスの地震としては大きな数の犠牲者です。

　フォッサマグナの中央付近に位置する高田平野では1614年にM7クラスの大地震が発生したとの説がありましたが、現在は疑問視されています。1751年には高田城にも被害があり、全壊家屋は8千余棟、1500名以上の死者が出た地震（M7からM7.4）が起きています。1847（弘化4）年には「弘化の善光寺地震」（M7.4）が発生、善光寺の御開帳と重なり、宿坊に宿泊していた参拝者で生き延びた人は1割程度、地元住民を含め死者は1万名に達しました。山崩れで犀川が堰き止められて湖水が出現、それが決壊して溺死者100余名、流出家屋810棟の被害が重なりました。その5日後には北側の新潟県でM6½が起きていますが、被害の程度は善光寺地震と区別できないところが多いです。

　フォッサマグナの中心に位置する長野県では1965年から2年間続いた「松代群発地震」が発生しています。一つひとつの地震は最大でもM5.4で、ほとんどがM4以下ですが有感地震の合計は6万回を超えています。

　静岡県では既述の伊豆半島の西側、駿河湾から遠州灘沿いでM6クラスの地震が発生し、軽微な被害が出ています。1935年に「静岡地震」（M6.4）が起こり、当時の静岡市、清水市に被害が多く、死者9名、住家の全壊363棟でした。近年では2009年に静岡市などで震度6弱を記録したM6.5の地震が発生し、軽微な被害が出ました。死者1名ですが、家の中で本棚から崩れ落ちた本に埋もれて亡くなったとの新聞報道を読みました。発生が予想されている東海地震の震源域の北側に位置するので、この地域の地震発生は巨

大地震の予兆との憶測を生むことが多いようですが、現在の地震学の知識ではそのようなことは言えません。

1718年、長野県伊那谷の遠山郷付近を震源にM7の地震が発生し、天竜川沿いに山崩れが多く50余名の死者が出ています。静岡、愛知県境付近（三河・遠江）でも強い揺れを感じています。

1945年の「三河地震」（M6.8）は、規模の割には被害が大きく、死者は2306名、全壊家屋7221棟を数えます。総延長9km、上下のずれ最大2mの深溝断層が出現しました。

1961年に発生した「北美濃地震」（M7.0）は岐阜、石川、福井の三県で死者8名、全壊家屋12棟の被害が出ました。この付近では1586年（天正13年）に「天正の飛騨美濃近江地震」（M7.8）が起こり各地で被害が発生、その範囲は伊勢にまで及んでいます。同時に濃尾地震の根尾断層のほか、阿寺、養老、桑名、四日市などの断層が存在し、それらが動いたと推定されています。

●近畿地方　1909年滋賀県東部で「姉川地震（江濃地震）」（M6.8）が起き、滋賀、岐阜両県で死者41名、全壊家屋978棟の被害が出ています。1325年には近江北部でM6.5の地震が起きて、山崩れなどの地変が生じ、竹生島の社寺の堂舎が損壊しています。

都が置かれていただけに、近畿地方の地震記録は数多く残されています。416年（允恭天皇5年）の「允恭天皇の大和河内地震」が記録に出てくる最古の地震ですが、そのマグニチュードは決まっていません。被害の記述が残されていないためです。約1500年後の1936年に大阪府南部を震源地として「河内大和地震」（M6.4）の地震が発生し、死者9名、住家全壊6棟の被害が生じています。1952年、奈良県を中心に「吉野地震」（M6.7）が発生し、震源が61kmと深かったため、近畿地方では広い範囲で揺れによる被害が大きくなり死者9名、住家全壊20棟、春日大社の石篭1600基のうち650基が倒壊し、小さな被害は愛知県、岐阜県、石川県にも及びました。

1899年、三重と奈良県境付近で「紀和地震」（M7.0）が起こり、死者5名、家屋の全壊35余棟のほか大阪でも軽微な被害が出ています。

1596年（文禄5〔慶長1〕年）「慶長の京都地震」（M7½）が発生し京都

を中心に大坂、奈良、神戸でも被害がありました。京都の伏見城天守が大破し、豊臣秀吉も被災したと言われる地震で、死者は合計 1200 余名の大災害でした。1995 年の「兵庫県南部地震」(M7.3) が発生したとき「関西には地震が起こらないと言われていたのに起こった」と嘆く声が聞かれましたが、実際は、その前の地震は 400 年前に発生していたこの地震でした。

●中国地方　1905 年、安芸灘で「芸予地震」(M7.2) が発生し、広島、呉、松山などに被害が大きく、広島県では死者 11 名、全壊家屋 56 棟、愛媛県では全壊家屋 8 棟でした。その 96 年後ほぼ同じ場所で「芸予地震」(M6.7) が発生し、呉を中心に死者 2 名、全壊家屋 70 棟の被害が出ました。死者のうちの 1 名は、地震に驚きあわてて飛び出し、目の前のブロック塀が倒れて下敷きになりました。家も壊れなかったのですから、揺れに耐えて外に逃げ出さなければ助かった命でした。

　1649 年、伊予を中心に安芸でも被害があった地震 (M7.0) が発生し、松山城、宇和島城で石垣や塀が崩れ、民家にも被害があり、広島でも家が潰れる被害が出ています。100 年後の 1749 年、宇和島、大分で被害が出る地震 (M6¾) が起き、宇和島城内での土塀や石垣の破損が起こり、土佐、さらに対岸の広島、岩国、延岡などでも強い揺れを感じています。

●九州地方　1889 年、熊本市を震源地として、M6.3 の地震が発生し県全体で全壊家屋 234 棟、死者 19 名の被害が発生しています。それから 127 年後にその地域から東側 40 km の地域で、M6.5 とその 28 時間後に M7.3 の地震 (熊本地震) が続発し、震源地付近では 2 回とも震度 7 を記録しました。同じ場所で続けて震度 7 を記録したことはおそらく史上初めてだったでしょう。

　これらの地震の震源地は九州を横断する別府―島原地溝帯の中に位置し、活断層が何条も走り、地震活動は活発な地域です。1596 年 (文禄 5 〔慶長 1〕年) には「慶長の豊後地震」(M7.0) が発生し、別府湾の瓜生島が陥没、沿岸の家屋が流失して 708 名が犠牲になりました。対岸の伊予でも被害が出ました。1975 年には大分県西部を震源とする M6.4 の地震が起こり、全壊家屋 58 棟の被害が出ています。

　1922 年には長崎県橘湾で 10 時間の間をおいて M6.5 と M5.9 の 2 つの地

震が発生し「島原地震（千々石湾地震）」とよばれています。被害は島原半
島南部や天草、熊本市方面に多く、死者30名、住家全壊194棟を記録して
います。

1913年、鹿児島県西部で23時間の時間間隔でM6.4の地震が続発した
「鹿児島地震（日置地震）」が発生しています。双発型の地震ですが2度目の
方がやや大きかったと言われますが被害は軽微でした。

1914年、桜島の火山噴火に伴い「桜島地震」（M6.1）が発生し、鹿児島
市の海岸地域に被害が集中し、死者13名、住家全壊39棟を記録していま
す。桜島はこのときの噴火で流れ出した溶岩が大隅半島にまで達し、九州と
陸続きになりました。

このように内陸ではM7クラスの地震も起こりますが、M6クラスの地震
でも被害を伴うことが多いです。また同じ地域の繰り返しは短い期間であっ
てもほとんどが100年以上の時間間隔で起きています。日本列島における
人類の1500年の歴史の中では、繰り返しが確認できない例が圧倒的に多い
です。極端な言い方をすれば、内陸から沿岸の地震ではいつ起こるかは、
まったく推測できないのです。自分周辺の地域に被害をもたらした地震につ
いて、一通りの知識をもっていてほしいです。

第 **5** 章

次の関東地震の予測

5.1 関東地震の追跡

　南海トラフ沿いの地震は 684 年の「天武天皇の南海・東海地震」が記録に残る最古の地震です。それに対して関東地方の地震で最古とされるのは818 年の地震です。マグニチュードは 7.5 以上と推定され、被害を受けた地域は関東諸国と広そうですが、震源地は現在の栃木県小山市付近と推定されています。津波があったというのは洪水だろうとの推測もあります。当時の関東は都からは、はるかに遠いへき地で、情報は少ないのです。本書では萩原の推定を尊重し、第 2 章 1 節でこの地震はプレート内地震と考えましたが、次のような事実がありました。

　2023 年 7 月、今村明恒の孫、英明氏から今村が作成したアルバムを見せていただきました。その中の 1 ページに露頭を写した名刺大の写真と車が写ったやや小さめの写真を発見しました。日時、場所は書いてありません。ただ車には「東京大学」の文字が認められ、その車で調査に行ったと推定できます。このことから、今村が教授になってから退官するまでの 1924 年頃から 1930 年頃までの間、1923 年の関東大震災に関連した現地調査の写真であろうと推測できます。

　露頭を写した写真では上の方には草が生えており、人が写っていました。露頭の高さ（厚さ）10 m はありそうです。そしてその最上部の地層に「33」、中央付近に「818」、そのすぐ下付近に「1703」の数値が書かれていました。「最上層の 33」は、当時の地形学者か地質学者が西暦 33 年の地層と判断したのかもしれませんが、現在の私たちの知識ではその頃の巨大地震に関する情報はありません。

106　第 5 章　次の関東地震の予測

写真 5-1　関東地震で隆起した藤沢市江の島の岩畳

　1703 年は元禄関東地震に相当し、写真からは良くわかりませんが、少なくとも数十 cm から 1 m 隆起した地層と今村が判断したと推定できます。関東地震による隆起が明瞭にわかるのは千葉県房総半島南部や神奈川県江の島です（写真 5-1）。この今村のアルバムの写真は周囲の雰囲気から房総半島南部の海岸付近で撮影されたと推測されます。

　すると今村は 818 年の地震でも隆起した地層を確認していることになります。房総半島の南部の隆起は関東地震の結果と考えて間違いありません。この付近では海岸段丘の調査から過去およそ 6000 年間に 55 回程の大地震があったと推定されています。したがって 818 年 8 月頃に津波を伴った関東地震が発生した、さらに同じ時期に萩原が指摘した地震が栃木県付近で発生していたと考えるのが適当だろうと結論づけることができます。818 年には関東地方では栃木県を中心にかなり大きな内陸地震（多分 M7 以上の大地震）と南関東で関東地震（M8 クラスの巨大地震）が起きたと解釈できます。この 2 つの地震はどちらが先に起きたかはわかりませんが、ほぼときを同じくして起こったのです。当時としては 1 日から 2 日のずれがあったとしても、離れた地域では識別できなかったのではと推測されます。そして、最も古い記録が残る関東地震は 818 年（弘仁 2 年）8 月 9 日頃に発生したと考えます。

　878 年に相模・武蔵に被害を伴った地震（M7.4）が起こりました。神奈

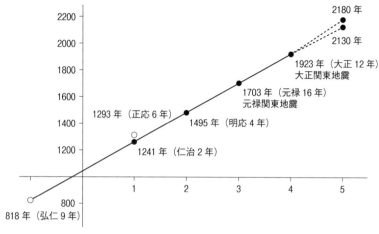

図 5-1 関東地震の発生間隔

川県北部に存在していた当時の相模国分寺が破壊されており、やはり内陸地震です。

鎌倉幕府が開かれた後しばらく、鎌倉付近で起きた地震が数多く記録されています。ただし源頼朝は関東地震には遭遇していません。その後は関東以北の地震情報も増えてきたようです。

その資料の中から 1241 年（仁治 2 年）（M7.0）、1495 年（明応 4 年）（マグニチュード不明）、1703 年（元禄 16 年）「元禄関東地震」（M7.9 から M8.2）、1923 年（大正 12 年）「大正関東地震」（M7.9）の 4 回を関東地震と定めました（図 5-1）。最近は 1293 年（正応 6 年）5 月 27 日の地震（M7.3）を「永仁の関東地震」としている例があります。鎌倉では非常に大きな被害が報告されていますが、本書では事実だけを記しておきます。

1241 年の地震では鎌倉に津波が襲来していることから、関東地震と判断しました。記録がある限り相模湾北部沿岸への津波の被害を伴う地震は関東地震だけです。

1495 年の地震は、長い間 1498 年（明応 7 年）の「明応の東海地震」（M8.2 から M8.4）と混同されてきました。『理科年表』（丸善出版）に掲載されるようになったのも最近のことです。鎌倉大仏が津波で流されたとの事実に反する情報も、史上最大の津波をもたらしたとされる「明応の東海地震」

のためと考えられたようです。鎌倉大仏の仏殿は14世紀、すでに大風によって倒壊し、再建されていません。津波では流されていません。

　1703年の「元禄関東地震」はすでに述べたように大森も今村も着目していた地震です。大森は小田原方面が震源で「海側の地震」と表現していましたが、現在は震源が房総半島はるか南に求められています。

　この4回の地震の発生間隔は244年、208年、220年になります。20世紀の頃から、研究者によってはこの元禄と大正の関東地震の間隔から、次の関東地震は220年後ぐらい、つまり「2140年から2150年頃」と言っていた人がいました。たしかに各地震の発生年を縦軸に、発生順を横軸にとると、図5-1に示したようにほぼ一直線になります。その直線から推定すれば次の関東地震は2130年から2180年頃となります。仮に1293年の地震が関東地震だったとしても、図5-1に〇で示したように、この議論に本質的な影響はなさそうです。

　次の関東地震が過去4回の関東地震と同じような時間間隔で発生した場合、次の関東地震の発生は22世紀の中頃と推測できます。南海トラフ沿いの地震と同じように関東地震に関しても、いろいろと個人的な見解が出されています。しかし、「過去4回と同じ時間間隔」という仮定通りに発生するとすれば「関東大震災を起こした地震の再来は22世紀中頃」と言えるのです。揺れの大きな地域は南関東の神奈川、東京、千葉と静岡、山梨となるでしょう。残念ながら現在の知識では発生する時間（時期）をより正確に予測することはできません。

5.2 | 南関東の地震活動

　次の関東地震が22世紀中頃と言われているが、それまでも必ずしも安心とは言えないのです。元禄関東地震から大正関東地震の間の南関東の地震活動は図5-2に示したように3期に分けられています。第1期は静穏期で余震活動が収まった後1780年頃までは、地震はほとんど起きていませんでした。その次の70年から80年間が第2期で、地震活動が少し活発化したのです。20世紀の終わり頃から、この事実を指摘して南関東地域は地震の活

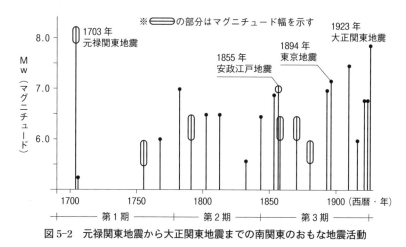

図 5-2　元禄関東地震から大正関東地震までの南関東のおもな地震活動

動期に入ったと主張しメディアにも宣伝する人がいましたが、現在のところ目立った活動は認められていませんが、房総半島沖でときどき起こる有感地震はこの範疇に入ってくるかもしれません。しかし、まだ大きな被害を伴うような地震は発生していません。1850年頃から第3期の活動期が始まりました。南関東の活動とは直接関係ありませんが、南海トラフ沿いで安政の東海・南海地震が1854年に起きました。

南関東では1855年に「安政の江戸地震」（M7.0からM7.1）が発生しています。明らかな東京直下地震です。1894年には「東京地震」（M7.0）が発生、同じく東京直下地震で神田、本所、深川などで多くの被害が出たのです。川崎、鎌倉でも被害が報告されています。

1915年には今村明恒が大森房吉に「群発地震だから大地震にはつながらないと言うべきだった」と叱責された「房総沖地震」（M6.0）、1921年には大森と中央気象台の震源地争いの発端となった「竜ヶ崎地震」（M6.8）が、1922年には「浦賀水道地震」（M6.8）が発生し、1923年9月1日の関東大震災の発生に至ったのです。

図5-2の通り、1850年頃から大正関東地震発生までの70年から80年間は、M6クラスの中地震からM7の大地震が、数年に一度ぐらいの割合で多発し、「安政の江戸地震」や「東京地震」のようにときには大きな災害が発生していたのです。

文明開化の頃の江戸（東京）の住民は 20 世紀から 21 世紀にかけての私たち現代人よりはるかに多くの地震を感じていたのです。子どものときに 1855 年の安政の江戸地震、成人して 1894 年の東京地震を経験し、さらに 1923 年の大正関東地震を経験した人もいたでしょう。

しかも、大森は 1868 年に福井市で誕生し 1877 年に東京に移住、その後は東京に住み続けました。今村は 1869 年に鹿児島市で生まれ 1891 年に東京で大学に進学しています。2 人が東京に住むようになった頃は東京（南関東）の地震活動は、大正関東地震以後の現在とは異なり、非常に活発だったのです。

神奈川県はほぼ全域が関東地震の滑った大きな断層の上に位置しています。大正関東地震の翌年 1924 年 1 月 15 日、「丹沢地震」（M7.3）が神奈川県北西部の丹沢山塊付近で発生し、被害が出ています。このときは震源地周辺では震度 5 から 6 だったでしょう。この地震は大正関東地震の最大余震と考えられています。その後 1930 年 11 月 26 日に「北伊豆地震」（M7.3）が発生し神奈川県のほぼ全域で震度 5 でした。そして次の震度 5 は 2011 年 3 月 11 日の東北地方太平洋沖地震で記録した震度 5 強・弱でした。神奈川県では東日本大震災を経験するまでの約 80 年間、大地震の大揺れの経験はなかったのです。震度 6 の揺れは起きていません。たとえば 1931 年に神奈川県で生まれ、住み続け、2011 年 3 月 11 日以前に亡くなった方（高齢の方は 80 歳）は、太平洋戦争での戦災は経験していますが、大地震は生涯を通じて経験していないのです。

ちなみに地震学を専攻した私自身、神奈川県で生まれ、現役中は宮崎県や埼玉県にも住みましたが、ともに地震は起きず、21 世紀に入ってからは再び神奈川県に住んでいます。2011 年 3 月 11 日はたまたま山陰への旅行中で、不在でしたので震度 5 の揺れを一度も経験していません。

余談が入りましたが、関東大震災の被害地域の地震活動は、地震発生から今日までは極めて静穏に過ぎたのです。そのためか地震学者ばかりでなく、若い研究者たちが発する「大地震発生説」になんとなく迫力が欠けているように思います。冷静な発言とも表現できるかもしれませんが、今村ほどの熱心さ、こだわりは見られず、一部には功名心さえ感じてしまいます。

5.3 過去からの予測

　ここまで関東地震の過去の発生、18 世紀以来の首都圏（南関東）の地震活動を概観してきましたが、過去の地震活動から次の関東地震はいつ頃発生するかを考えてみます。発生する地震の大きさは過去の例から M8 クラスの巨大地震です。関東地震はフィリピン海プレートの北東端で北アメリカプレートの下に沈み込みによって形成されている相模トラフ沿いで発生する地震です。沈み込みは一定速度で進んでいることから、その時期は過去の例から 2150 年前後と推定されました。

　そして前の地震から 100 年間は震源地（首都圏・南関東）付近の地震活動は極めて低調でした。今後の地震活動はどうなるのでしょうか。そろそろ前回の「元禄関東地震」から「大正関東地震」の間の地震活動の第 2 期に入りつつあるのではと推定されます。したがって、どんなに遅くても発生が予想されている 2150 年の 100 年前頃からは、ぽつりぽつりと中地震、大地震の発生が始まると予想されます。

　その中には東京直下地震も含まれます。21 世紀後半から 22 世紀前半の間には東京直下地震は必ず発生すると考えておいた方がよいです。これは地震学的に「地下に地震を起こすひずみが蓄積しているから発生する可能性がある」という意味ではありません。現在の地震学にはそのように予測する実力はありません。過去の地震活動がそのような経過をたどったので、次の関東地震が発生する前には（おそらくフィリピン海プレートの沈み込みによって）地殻にひずみが溜まると想像できるので、同じように東京直下地震が発生するだろうとの予測です。

　同じようなことは元禄関東地震の前にも起きています。1633 年には小田原付近に大きな被害が出た地震（M7.0）が発生しています。1647 年、M6.5 の地震が発生し、江戸城や小田原城でも被害が出て、死者も出たという記録が残されています。1648 年には東京直下地震（M7.0）と推定される地震が、1649 年には M6.4 の地震がそれぞれ起こり、江戸や小田原での被害が報告されています。また 1649 年には武蔵・下野・川越で被害が出た地震（M7.0）も発生していました。元禄関東地震が発生するまでのおよそ 70 年

から 60 年前に首都圏で地震活動が活発になりました。この傾向は、少なくとも 2 回続いています。注意すべき点で、次の関東地震でも同じような現象が続くとの予想のもとに、本書では議論を進めています。

ただ地震は地球内部に発生する現象です。地球は 46 億年前に誕生しましたので、その寿命を 100 億年とします。すると地球の寿命は、寿命が 100 年の人間より 1 億倍長いことになります。人間の 1 秒は地球では 1 億秒にあたるので、およそ 3 年 2 か月に相当します。「いま、地震が起こります」と言われても 3 秒遅れたら、地球の寿命では 10 年になってしまうのです。人間にとっての「たったの 30 秒」は地球にとっては「たったの 100 年」に相当します。しかし、研究者の多くは、この人間と地球の寿命の違いをあまり意識しないで世の中へ発信します。

このように地震や火山噴火の発生に関する専門家は地球の寿命を基準に話します。一方、聞く人は人間の寿命で解釈するため、そこに誤解あるいは解釈の違いが生じます。専門家は地震発生や火山活動の啓発には人間の寿命のタイムスケールで話した方がよいでしょうが、地球の寿命のタイムスケールではどうなるかも常に説明してほしいです。

直近の例では「西日本の大地震切迫説」です（第 3 章 5 節参照）。人間の寿命で切迫していると思ったら「切迫」を言い続けるべきなのに、簡単に「想定外」で胡麻化しました。過去の例から予測すれば南海トラフ沿いの地震の発生時期が近づきつつあるのは事実です。しかし、それは 50 年後あるいは 100 年後かもしれません。どちらにしても、地球にとっては人間の時間間隔での数十秒程度のずれに過ぎないのです。

地震予知不可能論も、この時間間隔の違いが大きく影響しています。1944 年の東南海地震発生時にたまたま実施されていた水準測量中に変化が起き、地震が発生しています。しかし、同じような前兆的な現象が発生したとしても、一呼吸おいてから地震が発生することがしばしば起こるはずです。地球にとっては一呼吸でも、人間にとっては一生に近い時間になってしまうので、地震を予知したことにはならないのです。

本節で述べた関東地震再来のプロセスは、すべて地震の振る舞いから予測していますから、地球のタイムスケール、地球の寿命での話です。したがっ

て時間が極めてあいまいになるのです。いずれにしても次の関東地震は、現世代はもちろん、その子どもや孫の時代にも関係ないと私は考えています。

┌─ コラム②

人間の寿命と地球の寿命　──原子力発電所をめぐる報道から

　地球は誕生してから 46 億年と推定されています。ここではその生涯の長さを 100 憶年と仮定して話を進めます。人間の寿命を 100 年とすると、地球は人間の 1 億倍長生きです。人間の 1 秒という感覚は、地球では 1 億秒、およそ 3 年 2 か月です。人間の 3 秒は、地球感覚では 10 年です。人間社会で時間に厳しい人でも、1 分くらいは誤差とするでしょう。人間にとっての 1 分は地球感覚では 200 年に相当します。200 年は人間の寿命の 2 倍です。地球感覚では誤差のうちの出来事も、人間にとっては無関係、あるいは関心がもてない事象になります。発生間隔が 200 年から 250 年ぐらいとすると、地震が発生した後にその地域に居住する多くの人々にとって、現在の私たちと同じように、関東地震は無関係と言えるのです。

　地球の寿命で考えるべきことが、人間の寿命にすり替えられ世の中に混乱を起こしていることの一つが、原子力発電所の立地と活断層の関係です。2024年 7 月 26 日、原子力規制委員会は、敦賀発電所 2 号機は「原子炉建屋の直下に活断層があるおそれが否定できない」として、原発の安全対策を定めた新規制基準に初めて適合しないと結論づけました。これを受け、原発は廃炉の判断を迫られるだろうと報じられました。

　指摘された活断層の活動間隔も、その最終活動期も人間には不明です。すべては地球の寿命の話です。そこに存在する断層が活断層だったとしても、原発が再稼働して、仮に今後 30 年間、あるいは 50 年間稼働を続けたとしても、その間に大地震が起こる（断層が活動する）可能性は、限りなくゼロに近いのです。

　過去に愛媛県の伊方発電所でも同じような議論が起きていましたが、人間社会で、活断層の活動間隔、地震や火山噴火の発生など、地球上の現象を語るときは地球の寿命を十分に考慮する必要があるのです。

第 **6** 章

抗 震 力

6.1 抗震力とは何か

　日本国中が明るい新年を迎えたと喜んでいた 2024 年 1 月 1 日 16 時 06 分頃、テレビ画面やスマホには突然、緊急地震速報が流れました。能登半島で震度 6 程度の揺れの地震が起きたらしい、群発地震がまた活動したのかと注視していたら、16 時 10 分頃には M7.6 の数値が示され大地震の発生を知らせ始めたのです。「令和 6 年能登半島地震」の発生です。マグニチュードから推定すれば兵庫県南部地震（阪神・淡路大震災、M7.3）の数倍のエネルギーを発した地震です。

　気象庁は大津波警報を発し、NHK では繰り返し津波からの避難をよびかけていましたが、画面の海岸風景は大波程度でした。一方、民放のテレビは珠洲市や輪島市の被害を伝え始め、輪島市では火災が発生していました。古く立派な瓦屋根の和風民家の街並みが、完全に潰れて道路も塞がれた光景は、全壊した倒壊家屋の多さを示していました。2020 年から続く群発地震の影響で、木造家屋がかなり地震に弱くなっていたのだろうと推測されます。

　死者の数は日々更新され 3 桁になりましたが、その多くは圧死で、倒壊建物内の捜査が進むにしたがい、その数が増えていきました。生存率が急激に低下するとされる 72 時間が過ぎた 6 日夜、珠洲市内の 2 階建て家屋の 1 階部分が完全に潰れ、数十 cm のわずかな空間で左足を梁に挟まれた 90 歳代の女性が発見され、124 時間後の救助がなされました。一方、同じ家で 40 代の女性が遺体で発見され、地震の犠牲者となり人生を終えました。救助された女性は「被災者」ですが、これからの人生が開けています。生と死の大

116　第6章　抗　震　力

きな違いです。地震発生後は2万数千名の被災者が避難所生活をしなければ
ならず、停電、断水、食料や生活物資の不足が報道されていました。困難な
生活で災害関連死の心配はありますが、被災者には未来があります。まずは
地震に遭遇しても犠牲者にならない、生き延びるための術が本章で述べる
「抗震力」なのです。抗震力は総合的な地震対策です。特にお金をかける必
要もなく、自分自身の知識と対応力を身につけることを目指します。

6.2 地震による犠牲者の数

　日本の各自治体はそれぞれの街づくりにおいて、地震に強い街を目指して
います。M6クラスの地震では、家が倒壊することもほとんどなく、犠牲者
も極めて少ないのです。

　一方、海外に目を向けると、第3章1節で述べたようにイタリアではM6
クラスの地震でも何百名もの、つまり3桁の数の犠牲者が出ているのです。
中国ではその数はさらに増え、何千名の犠牲者が普通です。たとえば2008
年5月に中国四川省で起こったM8.1の地震では、多くのビルが倒壊し、7
万名の犠牲者が出ました。公立の学校が倒壊して児童や生徒が犠牲になり、
親たちは校舎が地震に耐える設計でなかったことが原因と訴えましたが、う
やむやにされてしまったようです。

　2023年2月6日に発生したトルコの地震（M7.8とM7.5）でも犠牲者は
5万名を超えています。「パンケーキクラッシュ」とよばれた、ビルの全階
層が完全につぶれた建物が目立ちました。そんな中で発生から248時間後
に救出された17歳の女性や、ペットボトル一本の水と最後は自分の尿を飲
み、200時間近く生き抜いた高齢に見える男性が話題になりました。潰れた
建物は瓦礫となり住むことは不可能です。多くの人が避難所（おもにテン
ト）に入れず、路上で焚火をして暖を取りながら過ごす姿がテレビでは繰り
返し流されていました。海外ではM7クラスの地震では発生後すぐ何万名と
5桁の数字の犠牲者になるのです。

　しかし、日本でも例外的な地震が発生しました。2018年9月6日、3時
08分頃北海道胆振地方中東部を震源とする「北海道胆振東部地震」（M6.7）

の発生です。震源地の厚真町では震度7を記録したほか、安平町で震度6強、千歳市で震度6弱を記録しました。地震とともに全道295万世帯が停電するという「ブラックアウト」が発生しました。驚いたのは犠牲者が41名で、多くの家屋が倒壊したことです。その多くが厚真町を中心に数十か所で発生した大規模な土砂崩れによるものでした。土砂崩れにより家が破壊され、30名以上が土砂に埋まり、亡くなったのです。地層の表面が火山灰に覆われているためと専門家は説明していますが、わかっているならなぜ事前にそのような土地であることを住民に知らせていなかったのかと疑問が残ります。M6.7の地震の土砂崩れでこれだけ多数の死者が出たのは日本ではおそらく初めてで、地震災害としては極めて異例なことでした。

コラム③

中国・四川省地震の教訓

　四川省地震の後、私は中国の友人から頼まれて中国向けの「地震読本」を書きました。その本は中国政府に購入され、地方の多くの人々に配布されたそうです。私が強調したのは、「日本では大地震で被災すると、すぐに公立の学校が避難所になる。だから、どの学校も地震に強い設計になっており、設計基準を満たされない建物は、逐次、耐震構造になるような補修作業をしている。一般には小中学校はそれぞれの地域に密着しているし、避難所となっても受け入れられる人数は多い。中国でも『学校を当面の避難所とする』方針で、学校の耐震化を進めたらどうか」と提案しました。四川地震のときも学校以外の高層ビルが粉々に壊れて倒壊した例が多く、日本と比べて建築基準が地震に対しては十分ではないという印象をもっています。多くのビルが倒壊した影響で、多数の被災者がテント生活を強いられました。しかし、テントの数には限りがあったようで、ブルーシートの日よけの下で生活する人々が多数見られました。そのため、私は学校だけは地震に耐える建物にしておけば、避難所として使えるはずと強調したのです。

118 第6章 抗 震 力

コラム④

地震に備えろ

　日本では国や自治体は地震に強い街づくりの努力を続けているので、私たち住民は住民で、自分たちのできる個人レベルでの地震対策をすべきです。そのため一般論として多くの専門家から「地震に備えろ」との発言が出てきます。しかし、その意図はなかなか一般住民には伝わらないようです。

　「地震に備えろ」と言う人はわかっているかもしれませんが、その内容が多岐にわたるので、なかなか一言で表現することは難しいのです。簡単に通じる内容は防災グッズの用意ですが、一番重要なのことは地震後でも自宅で過ごせるように自宅の耐震化を行うことです。具体的な表現として自宅の耐震化や家具の固定などを呼び掛けてもそれだけでは不十分なので、結局は総括的な表現になってしまうのです。

　呼び掛けを受け取る側も、「1年以内に必ず大地震に襲われる」と考えれば自身でも考えて備えるでしょう。ところが感覚的には「危ない」「大地震が発生する」と言われても、実際にはなかなか地震は起こらず、自分の所は大丈夫であろうなどと勝手に考え、そのうち呼び掛けも忘れて、漫然とした日々を過ごすようになってしまっているのです。令和6年能登半島地震の発生後には「群発地震が発生しているにもかかわらず、『石川県には大きな地震が起きない』という安全神話が流れていた。県も市もそれに基づいて対策を考えていた」と報道されていました。

　阪神・淡路大震災が起こった後、一般に地震の話題を講演したとき、私は「地震の避難に備えて、必要品を入れた袋を用意してあるか」と出席者に聞いていました。「避難袋」とか「防災グッズ」などとよばれて商品化されている品物も多いようですが、大地震が発生後1年間ぐらいまでの時期には、出席者の10％ぐらいの人が「なんらかの形で用意している」と答えていました。ところが数年から10年後には、その割合は1％に減ってしまいました。

　逆に言えば日本人の100人に1人ぐらいは常になんらかの形で地震を心配し、備えているようですが、ほとんどの人は「自分は大丈夫だろう」と漫然と考えて過ごしていると想像しています。その状況は東日本大震災という未曽有の震災を経験した後も、被災地以外の人たちの意識としては変わらないだろうと推定します。

令和 6 年能登半島地震で避難した人々も、避難直後から物資の不足が叫ばれていたようです。用意していても持参できる状況でなかったのかもしれませんが、群発地震が起きていた地域ですから、それなりの対策は個人でも考えておくべきではなかったかと思います。

6.3 | 地震への遭遇は珍しい出来事

地球上で起こる地震の 10 ％ が日本列島付近で起きています。最近は M3 クラスの地震が起きても、テレビ画面に震度が表示されるようになりました。このように身体に感じる地震は毎日ではないにしても、M2 クラス以下の大きさの地震は、日本列島では毎日数十回以上は起きています。

そんな地震国日本でも、ある「特定の時期と場所」を除けば、M7 クラス以上、震度 6 （強・弱）というような大地震に遭遇する割合は一生に一度あるかないかの珍しい出来事なのです。「特定の時期と場所」とは現在の東北地方太平洋岸が一つの例です。東北地方太平洋沖地震の余震活動が発生から 10 年以上が経過しても続いています。日本では地震観測が始まって以来、初めての M9 クラスの地震（超巨大地震）だったため、まだ経験がありませんが、1891 年の濃尾地震（巨大地震）では微小地震の余震は 70 年が経過しても発生していたことを考えると、少なくとも 100 年間ぐらいは余震活動が続くでしょう。有感の余震に関しても 10 年以上が経過した 2023 年も続いているので、あと 10 年ぐらいは続くのではないかと思います。その検証は数十年後になるのです。

一般に地震が起こると、そのあとに起こった地震よりもマグニチュードが 1 以上小さな地震である余震が続発します。ただし 2016 年の「熊本地震」以後、気象庁は余震という呼び方を使わなくなりました。この余震活動も 1 週間から 10 日もするとほぼ終わります。終わったとは言っても、身体に感じない無感の余震はまだ続きますが、人々が感じる有感地震は気象庁の観測網で検知できる大きさでは発生しなくなります。本震が M7 クラスの地震になりますと余震活動も 10 日から 2 週間程度と長くなりますが、それでも十

120 第6章 抗 震 力

数日程度の長さで終わります。

　地震が科学的に研究され始めた明治時代から今日まで、日本で M9 クラスの地震は起きていないので、実際は地震研究者も余震がどのくらい続くかは、はっきりした予測はできません。これまでの経験から M9 という超巨大地震の余震は上記のように続くと推測しているのです。しかし、これは研究者の統一した意見ではないので異論がある人も出てくるかもしれません。

　地震発生から 10 年以上が過ぎ、さすがに M7 クラスの余震はあまり起こらなくなりましたが、それでもときどき有感地震が起こり、震度 5 （強・弱）などの報道が流れると、超巨大地震の大きさを改めて感じています。本震発生後しばらくは、M7 クラスの余震が起きて、震度 6 （強・弱）を記録することもありました。そのような地域の住民にとっては、震度 6 （強・弱）を何回も経験するのですから、決して珍しい出来事ではありませんでした。ただそれは超巨大地震の余震が続く例外的な地域と時期なのです。

　逆に「珍しい出来事」の例を紹介します。前にも触れましたが 1923 年の関東地震（M7.9）の震源地である神奈川県中央部の相模湾に面した海岸地域は、近年は湘南地方と総称されています。湘南地方の関東地震のときの震度は 6 （当時、震度 7 はまだ設定されていなかった）でした。建物の倒壊率も 50 ％ 以上の地域が多く、大きな被害が出た地域です。

　1930 年に関東地震の震源地の西側の伊豆半島を中心に M7.3 の地震が起こりました。このときの湘南地域の震度は 5 でした。この地域では第二次世界大戦中にアメリカ軍の爆撃などで戦災は受けましたが、地震をはじめとする大きな自然災害はなく、21 世紀を迎えました。2011 年の東日本大震災では震度 5 （強・弱）を記録しましたが、家屋の倒壊はありませんでした。そして 2024 年の今日まで平穏の日々が続いています。関東大震災以後の 1923 年 9 月以降に生まれて、この地域に住み続けている人は 90 歳を超えて、100 歳近くになっています。女性の平均寿命 87 歳（厚生労働省、2023）ですから、平均寿命よりも長生きをしていても、震度 6 の大揺れは経験していないのです。関東大震災という日本の震災史上最大の犠牲者を出した地震の震源地に生まれ、生活し続けていても、地震災害には遭遇していないのです。「大地震への遭遇は一生に 1 回あるかないかの珍しい出来事」と述べた

理由を理解していただけたでしょうか。

　湘南地域が特殊な例ではありません。このように長期間大きな地震が起こらない地域は、日本列島でというよりは、地球上では普通なのです。それは大きな地震の活動期だと言っても、その「活動期」の時間スケールは地球の寿命で言っているのです。そこで生ずる 50 年、100 年のずれも、あるいは地震活動が静かなときも活発な時期も地球の寿命から見ればほんの一瞬ですが、人間の寿命では「半生」、「一生」なのです。

6.4 M9 シンドローム再考

　東日本大震災を「想定外」と言っていた行政も研究者もメディアも、その後は超巨大地震があたかも、ごく近い将来起こるかのごとく心配し始めました。それまで行政から出されていたさまざまな予測の見直しが一斉に始まり、約 1 年後にはその結果が次々に発表されました。それを見ると、すでに述べたように日本全体が「M9 シンドローム（症候群）」に罹患してしまったようで、その状況は 10 年以上が経過した 2024 年の今日でも続いています。この風潮はまだまだ続きそうです。

　2012 年 3 月に内閣府から発表された南海トラフ沿いに起こる巨大地震による被害想定は M9 シンドロームの典型と言えるでしょう。想定される最悪の被害を公表することは悪いことではないです。最悪のシナリオを示すことは論理的にもかなっています。このような情報の積み重ねによって「地震に対して成熟した社会」が構築されていくからです。

　しかし、問題はその内容と発表の仕方です。被害想定は M9.1 の地震が起こった場合、どの地域でどんな破壊が発生するかを仮定してなされました。「科学的にあらゆる可能性を考慮した」ということですが、実際そのような地震が過去に起こっていたかについてはまったく触れられていません。予測した M9.1 の超巨大地震が住民には伝わってこないのです。たとえば地震考古学なども考慮して「3000 年前には大きな津波が襲来した痕跡が残っている」というような情報が添えられれば、住民も少しは現実的な話として、そのような情報も受け入れやすくなるでしょう。

突然、研究者から科学的な可能性だけで「34 m の津波が襲来する可能性がある」と言われた高知県黒潮町の町民は、ただ困惑するだけだったでしょう（第 4 章 6 節）。過去に起こった類似の地震の情報を示すことによって、住民は超巨大地震が極めてまれにしか起こらないことを理解できるのです。

いくら「最悪のシナリオだけは考えておかねばならない」、「過度におびえるな」、「防災意識を高めろ」と言われても、あまり現実離れした情報では、かえって受け入れられないであろうと考えていましたが、その心配は現実にありました。

たとえば「ブロック塀倒壊の危険は 1978 年の『宮城県沖地震』（M7.4）で指摘され、法律も施行されています。ところが 2018 年の大阪の地震（M7.0）では、学校のブロック塀の倒壊によって児童 1 名が犠牲になりました。その後の文部省の調査では、全国の国公立私立学校 5 万余校のうち『ブロック塀がある』と答えたのが 1 万 9921 校。外観の点検で、建築基準法施行令の定める（中略）基準を満たさなかったり、劣化したりしている塀が 1 万 2640 校にありました。都道府県別では、大阪府（1180 校）が最も多く、東京都（778 校）、福岡県（777 校）、埼玉県（722 校）と続いた」（『朝日新聞 東京版』2018 年 7 月 10 日、朝刊）とあります。

たまたま地震が起こった大阪の学校で犠牲者が出ましたが、大阪では「大地震切迫説」が多くの研究者によって発表され、南海トラフの被害想定もなされていたのに、対策を立てやすいと思われるブロック塀の倒壊に対して、配慮されていないことが示されたのです。行政に限らず一般住民の感覚としては、「M9 シンドローム」ではあまりに被害が大きすぎて、個々には考えにくく、すぐできる対策にも手がつかないのが現実的な受け止め方のようです。

この 2018 年の地震でのブロック塀倒壊による児童死亡の件を受けてと思いますが、私の住む街ではブロック塀を撤去して軽量な塀に替えた例 2 件を目撃しています。私の家から最寄りの駅まで、直線で 1.1 km です。道路は片側一車線ですが、歩道も広く、自転車の通行区分も設けられています。私が日常的に歩くのは西側の歩道ですが、その歩道に面して 4 軒の住宅が道路側にブロック塀がありました。そして大阪での地震が発生して間もなく、そ

のうち2軒が老朽化もしていない立派なブロック塀を撤去したのです。このような取り組みの積み重ねによって街全体が地震に強くなっていくのだと、実感しながら工事の進展を見守っていました。

現在も日本列島の至たる所で同じようなことは行われているのではと想像しています。これはM9シンドロームの治癒行為の一つと言えるでしょう。

6.5 究極の地震対策

一生涯大地震に遭遇しないで済むなら、地震対策などしなくてもよいだろうと考える人もいると思います。しかし、自然は気まぐれです。起こらないはずだと考えていた地震が起こることもあるのです。そんな地震に遭遇して、倒れたブロック塀で命を失うことになったら、それこそ犬死になります。少しの知識で、地震のときに生き延びられるのなら、やはりその知識をもっていた方が良いでしょう。

大地震の発生で被災者になるのは仕方ありませんが、犠牲者になることは絶対にあってはならないことです。私は自分も家族も絶対に地震で死にたくない、死んではならないと考えています。万が一、超巨大地震に遭遇しても生き延びる術を私は「抗震力」とよんでいます。

最大震度5（強）程度の地震で倒壊家屋もないのに死者が出ている例があります。震度5程度の揺れだと「家が潰れるかもしれない」と考えて、とっさに屋外に飛び出そうとする人がいるようです。その結果、あわてて階段を踏み外して怪我どころか打ちどころが悪くて亡くなった、慌てて庭に飛び出して石灯篭に抱き着いたらそれが倒れ下敷きになった、慌てて台所から飛び出したら倒れてきたブロック塀の下敷きになったなどの死亡事例が報告されています。いずれもM6クラスの地震です。その程度の地震では日本の家屋は潰れません。あわてないで室内で揺れが収まるのを待てばよかったものを、「地震だ」と過剰反応をして命を失ってしまった事例です。抗震力を身につけることはこのような悲劇を減らす意味もあります。

124   第6章　抗　震　力

┌─ コラム⑤ ─────────────────

生き抜くこと

　東日本大震災直後にテレビで見た三陸沿岸の漁師の意見は示唆に富むもの
で、私は感動しました。その方は沖の定置網をはじめ、船を含むすべての漁
具、自宅を津波で流されていました。その方の言葉は「自分はすべてを失った
が、命だけは助かった。地震や津波は自然現象だから仕方がない。命があるの
だからまた一歩ずつ始めます」というものでした。
　令和6年能登半島地震の避難所でのインタビューで「不足している品物はな
いか？」と言う問いに「命が助かりここに居られるだけで感謝しています」と
答えた男性の言葉に抗震力の役割が含まれています。

└────────────────────────

6.6 抗　震　力

　「大地震に遭遇するのは一生に一度あるかないかの珍しい出来事である」
が、抗震力を考える大前提です。「防災は金で買う」という言葉があります。
水害に備える、台風に備えるなどのため、住宅の補修にはお金が必要という
のが、この言葉の意味です。しかし、毎年襲来する台風などと異なり、大地
震の場合はやや趣が違ってきます。

　お金をかけて立派な耐震家屋に改修してもそれが役立つかどうかはわかり
ません（役立たない方が幸せなのですが）。耐震家屋への改修費用などは
100万円以上必要なことが多いので、安心用の経費と笑って済ませられる人
は少ないでしょう。「地震に備えるために家を耐震化する」と目的は明確な
のですが、その耐震化が本当に役立つのかと考えると、どちらとも言えない
のです。したがって、抗震力では「お金をかけない地震対策」でなければ、
多くの人が実行できる対策とはならないのです。

　さらに、備えなければならないこと、やらねばならないことが複雑であっ
てもあまり役立たないでしょう。そこで、抗震力としてまとめたものを表で
示しました（表6-1）。初めて抗震力を提唱したのは拙著『首都圏巨大地震
を読み解く』（三五館、2013）でした。本書ではそれに修正を加え、2023年

6.6 抗 震 力　125

表 6-1　抗震力のスコア化（2023 年改訂版）

（合計得点 7 点以上で「抗震力がある」と認定する）

	項　目		細　目	得点	採点
1	シミュレーション	A	時々、時間・場所を選ばず「今地震が起こったら、どうするべきか」を考えている。高層ビルでは長周期地震動も考慮（それによりイメージトレーニングがなされていく）	1	
2	無事に帰宅	A	通勤、通学、所用での外出時、自宅に戻る方法を考えている（帰宅困難に備えてイメージトレーニング）	1	
3	壊れても潰れない家	A	・戸建て住宅…定期的に耐震構造の検査をし、震度 6 から震度 7 に耐えられる ・鉄筋コンクリートの集合住宅…耐震構造が確認されている	1	
4	居間や寝室の安全確保	A	棚からの落下物、家具の転倒の心配はない	1	
5	家屋の地盤	A	・家は、河川敷、田んぼ、沼などの跡や盛り土の上に建ってない（液状化の可能性の有無の確認） ・付近に崖崩れ、山崩れの心配はない	1	
6	その他の地震環境	A	不安定なものはない。　※屋根からの落下物、庭の石燈籠など	1	
		B	住居が地震による火災の危険はない 　※地震を感知すると自動的に消える都市ガスを使用 　※転倒すると消える石油ストーブを使用 　※感震センサーを備えている　など	1	
		C	自宅周辺や通勤通学の道路の危険箇所は熟知しており、避難場所なども知っている	1	
7	津　波	A	・海浜にいるとき…地震を感じたらすぐ近くの高いところに避難するつもりでいる。津波避難ビルの存在を知っている ・海岸近くに住んでいる場合…どのような地震が起これば、津波襲来の可能性があるかを理解している	1	
8	正しい地震の知識	A	・地震の仕組みを理解している 　※地震の仕組み…地震波には縦波と横波があり、その伝わり方の違いから「緊急地震情報」が発せられる ・地震は同じ場所で繰り返し起こることを理解している 　※太平洋岸では 100 年から 200 年に一度、内陸から日本海側では数百年から 1000 年以上の間隔がある ・地域防災マップや全国地震動予測図などに目を通す	1	
	合計得点				

版としています。

　地震への備えは一言では表せないと書きましたが、抗震力では 8 項目として考えます。その下に 10 項の細目を設けました。その細目ができていれば 1 点として、10 点満点にするか、1 細目を 10 点として 100 点満点で、自分の抗震力を示してみてください。100 点満点で 70 点以上あれば大地震に遭遇した場合にある程度は対処できると考えてください。

　自分自身どこで地震に遭遇するかはまったくわかりません。自宅が地震に対して弱ければ、地震が起こったらどうするかを考えておくことによって、いざというときには命を失わずに済む行動がとれるのです。自宅や職場の周辺を含め、常日頃から行動する範囲については、その周辺は地震が起こるとどうなるかを、頭に入れておくことが大切です。日常生活の行動範囲の中で、地震が起こるとどうなるか、つまりその地域の地震環境を知っておけば、いざというときに危険を避ける行動につながるでしょう。

　東日本大震災以来、日本国中が津波のおそろしさを再認識させられたと思います。自宅が海岸に面していないから、海のない県に住んでいるからなど、自分は津波とは関係ないという人は少なくなったと思いますが、島国に住む日本人は、海辺にいるときに地震に遭遇する可能性は高いのです。津波に対する自分自身の知識も常に新しくしておくことが、いざというときには役立つはずです。9 月 1 日の防災の日（関東大震災の起こった日）、1 月 17 日の阪神・淡路大震災の起こった日あるいは 3 月 11 日の東日本大震災の起こった日などに思い出して採点してみてください。

6.7 ｜ シミュレーション

　抗震力の基本と考えているのがシミュレーションです。イメージトレーニングとよんでもよいでしょう。ただ考えるだけですから費用も不要で、ふと思いついたら簡単にできる基本的な地震対策です。

　シミュレーションの前提として、大地震が起こると、その後、いつ、どこで、どんな災害が発生するのかを知っておくことが望ましいです。地震は自然現象です。中国の孫氏の兵法の中に「彼（敵）を知り己を知れば百戦殆か

らず」とあるように、地震対策もやはり相手を知った方が、対策を立てやすくなります。この知識は一朝一夕には得られません。年齢の高い人は過去の地震災害の記憶から、多くの知識を得ていますが、若い人はその経験が少ないと思います。日本では毎年のように、あるいは2年から3年に1回の頻度で、M6、M7クラスの地震が起こり、大小の地震災害が発生しています。そのため、メディアからも地震災害に関する知識は十分に得られます。それでは不十分と思ったら、大震災の後には必ず発行されている、いろいろな被災記録を1冊でも読むことを勧めます。小説家の吉村昭による『三陸海岸大津波』と『関東大震災』（ともに文春文庫）は地震に関するいろいろな情報が得られる資料です。

　ある程度、地震災害に関する知識がそろったら、次に時間や場所を選ばず「いま大地震に遭遇したらどうしようか」を考えます。たとえば、朝、出勤中の満員電車の中、運転中の車の中、昼食中、夜寝床に入ったらなど。地震はあなたの都合などお構いなく起こるので、それを想像して対処法を考えていきます。以下に場面別のシミュレーションの事例を紹介します。

●**電車**　私がいつも不安に感じ、ベストな答えが得られないのが、電車の中です。特にJRは新幹線も含めて日本中を走っていますが、ひとたび止まると走行までに時間がかかります。運転範囲が広域なので、遠方と思われる路線で起きた事故でも、止まることが多いのです。

　止まってすぐに、停車した原因、再開の見通しを知らせてくれるのは、ちょっとした事故や線路に人が入った程度の不具合だけです。少し大きな故障や事故になると、再開までの見通しどころか、現状の把握もすぐにできないのが現実です。まして大地震で停車したとなると、混乱して乗客にはほとんど正確な情報も伝わらず、乗客は長時間車内に閉じ込められることになります。大地震なら車内に閉じ込められている間に、外の状況は刻々と変化していきます。外に出られたとしても、火災の発生、道路の混雑など、ほとんど事情もわからない状態で、混乱した状況に放り出されてしまうのです。

　そこで私は電車に乗るような日は必ず携帯ラジオを持参していました。現在でしたらスマホなどで状況を確認し、状況によっては自分で判断して行動することも必要だと考えています。このようにいろいろな状況を想像して、

128　第6章　抗 震 力

生き延びる方法を考え、思考実験を繰り返すことが大切なのです。

●**地下鉄**　地下鉄の場合は心配なのはトンネル内への地下水の流入です。地下鉄のトンネルそのものの構造は、大地震に十分に耐えられる設計になっていると思います。しかし、そのトンネルと駅の階段のつなぎ目のようなところが、本当に大丈夫かという疑問を私はいつも持っています。水は数mmの亀裂からでも入ってきます。地下鉄が止まる、停電になる、線路が水浸しなどの状況は、考えるだけでもおそろしいです。スマホもそうですが小型の懐中電灯も外出時に必携の品物だと思います。ラジオやスマホで地上の情報を得られるようにしておくことも大切です。

●**地下街**　地下街を歩いているときに地震が起きたらどうしますか。私は地下街を歩くときは、いつも地上への出口を頭に入れるようにしています。知らない場所は特に意識しています。

　地下道で地震にあうと、多くの人がすぐに地上に出ようとしますが、地上の状況がわかりません。大地震だったら外はもう混乱が起こっているかもしれません。ベストな方法は、出口付近まで歩けるようなら歩いて行き、様子を見ながら待機し、揺れが収まったら外に出ることです。その際、高所からの落下物に注意することも忘れないでください。

●**自宅**　自宅にいたらどうなるでしょうか。昔から言われているのが以下の格言です。

1. **2階建て住宅の場合は潰れるのは1階部分だから、2階にいれば安心**
2. **トイレにいて地震が起こっても慌てるな。トイレは潰れない**

　最近の木造住宅は、柱を減らし、板状の壁面で強度を保つ建築方法に代わってきていますが、現在も通用する格言です。2階建ての木造住宅では、潰れるにしても1階部分の柱が折れて潰れるので2階部分は潰れず、潰れた1階部分の上に乗る形になります。よって2階にいた場合は慌てて下に降りる必要はなく、揺れの収まるのを待つのが得策です。すでに述べましたが阪神・淡路大震災では2階部分が潰れた住宅がありましたが、これは1階が軽量鉄骨、2階が木造の場合です。

また、戸建ての木造住宅の場合には、トイレは必ず四隅に柱があり、床面積に対して柱が多いので、1本の柱で支える面積の割合が少なく安全性が高いのです。とはいえ、木造住宅では戸別に事情が違いますので、自宅の地震に対する強さを知っておくことが抗震力の第一歩になります。自宅の耐震程度がわからない場合は耐震診断を自治体に相談するのが良いでしょう。

鉄筋コンクリートの集合住宅は、基本的には震度7の揺れにも耐えられます。21世紀に入ってすぐにマンションの設計偽装が大問題になりました。新たに購入する場合には、その建物の耐震設計についての情報をよく聞いて、納得してから購入することになりますが、すでに住んでいる場合はやはり欠陥住宅でないかどうかを、マンションの住民全体で考える機会をもつべきでしょう。いずれにしても地震には強いはずとの前提で、地震を感じたらすぐ出入り口の扉を開けて、家の中に留まって様子を見ることが、生き延びる最良の方法と考えます。ちなみに私も集合住宅住まいなので、大きな揺れの地震を感ずるとすぐ玄関の扉を開けて外の様子を見ることにしています。

●**買い物**　スーパーマーケットの中で大地震が起こったらどうなるでしょうか。間違いなく棚の品物が飛び出します。慌てて商品棚をつかんでも棚そのものが移動して、役に立たないかもしれません。落ち着いて入口の方に行くのが良いと思いますが、まず落ちてくる商品などで怪我をする可能性があることをよく考えて、行動する必要があります。

●**映画館**　天井からの落下物は少なそうですが、出入口へ人が集中するおそれがあります。揺れが大きければ動きたくても動けないかもしれません。非常口をよく覚えておき、揺れが収まるまでは座席にいた方が良いでしょう。映画館の建物そのものは、地震で潰れる可能性が低いので、出入口に殺到する人の波に巻き込まれて怪我をするような事故の防止を考えた方がよさそうです。

●**宴会場**　ホテルの広い会場でパーティーに出席中のときはどうでしょうか。このような場合は天井にも気をつけてください。照明器具が大揺れで揺れるだけでなく、落下の可能性もあります。私はホテルばかりでなく、広い部屋に入ると天井からの落下物の有無を確認するようにしています。

●**高層ビル**　ここで発生する長周期地震動は新しい問題です。地震の揺れに

130 第6章 抗震力

共振したビルがゆっくりと長い時間、周期の長い揺れが続きます。震源から300 km、500 km も離れたところで起きた地震でも大揺れになることがありますので注意しなければなりません。家具の固定が必要です。

　いくつかの例を挙げましたが、実際、外出するたびにこんなことを考えていたら、毎日が楽しくなくなります。日常生活の範囲の行動は、次第に身についてきますから、それ以外の状況のときに考える、電車に乗っていて何もすることがないときに考えるなど、ゲーム感覚で気楽に考えてください。地震への対応はその状況、時間とともに変化していくものなので、いくら考えても正解はないかもしれません。しかし、さまざまな状況を事前に考えておくことによって、いざというときに自分の身を守ることができます。イメージづくりだけですから費用もいらない、最良の方法でしょう。

6.8 無事に帰宅するまで

　地震への遭遇は自宅にいるときばかりではありません。外出時に大地震に遭遇すれば間違いなく帰宅困難者になります。

　最近は首都圏では大地震ではなくても、少し強い地震が起きると電車が止まり、帰宅に支障をきたしたとのニュースを耳にするようになりました。大きな地震でなければ、それほど苦労することなく帰宅できるので、そのような折を利用して帰宅困難の実情を理解しておくことは重要なことです。

　東日本大震災の際は駅周辺の学校が帰宅困難者の一時的な避難場所として機能した例があちこちで見られました。しかし、必ずそうなるかどうかもわかりませんし、時間の経過とともにその環境は変化するため、日頃から情報収集はしておくべきです（写真6-1）。

　帰宅困難な状況が発生したとき、まず考えなければならないのが、自分の現在地と目的地の関係です。通学や通勤の場合には、自宅まで徒歩で帰れるかどうかの判断も必要です。私は現役時代のある時期、職場から 20 km 付近に住んでいました。当時は若くて体力もありましたので、いざとなれば徒歩で帰ることも考えながら日々通勤していました。そのとき日頃から注意し

写真 6-1　東海道線茅ヶ崎駅の入り口付近の帰宅困難者への情報

ていたのが、水と若干の食べ物を持参すること、途中に大きな橋があるからその橋が壊れていないかどうかを確認することを心に留めていました。外出中に大地震に遭遇することを想定し、最低でもペットボトルの水1本は確保するように心がけていますが、幸いまだそのような機会はありません。

　もう一つは自分の現在地と目的地までの交通機関の有無です。日頃からどんな交通手段があるかを確認しておくことです。また、場合によっては目的地の変更も必要です。自宅が無理なら途中に身を寄せられる親戚や知人宅に一時的に避難させてもらうことも必要でしょう。高齢の方は無理をせず、状況によっては迅速に近くのホテルを予約し、一泊して様子を見るくらいの余裕をもつことも必要です。

6.9　壊れても潰れない家

　多くの人は自宅で地震に遭遇する割合が高いでしょう。そこで、まず自宅が地震に対してどの程度の強さがあるかを知っておく必要があります。

　関東大震災で木造家屋の全壊率は大きな地域でも50％程度です。ただ神奈川県の農村部では全家屋が200軒から300軒で、全壊率が90％から100％という村がありました。当時の農家の家屋が地震に弱かったことを示しています。全壊率が50％以上と高い地域でも全壊した家屋の隣に外見は

まったく無傷の家屋が残っていたという報告もあります。木造家屋は建物としては地震に強いのです。この点が同じ地震国で科学先進国でもあるイタリアとは異なる点です。イタリアの家の多くは石づくりで、地震には極めて弱いのです。

しかも日本では、大きな地震が起こるたびに建築基準が見直され、新しい法律ができ、震度7にも耐えられる家が増えてきているのです。ただし木造建築は火災に弱く、関東大震災が現在でも日本の震災史上最悪の地震と言われるのは、火災による焼死者が3万名以上も含まれているからです。

また鉄筋コンクリートの集合住宅も、地震に耐えることは阪神・淡路大震災で証明されています。だからといって簡単に信用するのではなく、もし新築物件を購入するとなれば、耐震性の有無とともに後述するその地震環境も十分に調べ、自身で納得して購入すべきであることは論を待ちません。

行政や自治体、あるいはそれぞれの町村の自治会などが地震対策の話となると、すぐ避難所が話題になります。しかし、避難所というのは地震で自宅が住めなくなった場合に初めて必要になるところです。壁に亀裂が入った、屋根瓦が落ちたなどという被害があっても、潰れないで住み続けることができれば、避難所に行く必要はないのです。地震の被災地でよく見る屋根にブルーシートをかけた家は、屋根は破損してしまいましたが、幸い、家は壊れず住み続けられたのです。最悪でもこの程度の被害で済むようにしたいものです。もちろん避難所に行く理由は、家では電気、水道、ガスが止まっていて生活できないからということもあります。しかしライフラインは別問題として、ここではとにかく地震では最初の大揺れを生き延びられる潰れない家を目指すことにします。避難所が快適な例はほとんどないので、特に高齢者には大変です。地震後もそのまま自宅に留まることができれば、エコノミークラス症候群などの災害関連死を防ぐことにもつながります。

近年は自治体が被災後、各家を点検して、倒壊の危険がある家にはステッカーを貼り、強制的に住まわせなくなっているようです。たしかに素人ではその判断も難しいかもしれませんが、家が潰れなければ、地震のときに家にいたとしても命を落とすことはありません（写真6-2、6-3）。

先述のように自宅が地震に弱いとわかったら必ず耐震化をするかどうかで

6.9 壊れても潰れない家　133

写真 6-2　地震後の住宅調査

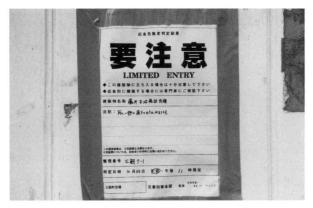

写真 6-3　要注意の住宅

す。地震に弱いからとすぐに手を加えなければいけないかといえば、しなくてもよいでしょう。地震が 10 年以内に必ず起こるなら、耐震化にお金をかけるべきかもしれません。でもそんなことはわからないのです。

　第 5 章 3 節で述べたように次の関東地震は 2150 年頃と予想はしていますが、合計 50 年程度の幅をもたせています。人間にとっては人生の半分の年月ですが、地球のタイムスケールでは一瞬なのです。

　したがって自分の家は耐震化にはなっていないという欠点を知って、地震が発生したらどう対処するかを家族で話し合っておけばよいのです。不幸にして家が潰れるようなことがあっても、どうすれば生き延びられるかを家族

で話し合っておくことです。その一つの指標が、7節で述べたトイレの話です。柱のある古い家だったら、家の中で床面積に対して柱が多く並んでいる部屋などを地震のときに集まる部屋にする、柱が比較的多い玄関で様子を見るなど、それぞれ知恵を絞ることが命をつなぐことになります。

　また最近は木造家屋内に木材や金属材を使ってシェルター的な空間をつくる商品が開発・発売されています。家屋の耐震化よりもはるかに安い値段で、安全な空間を得ることができるので、検討の余地はあります。特に高齢者の方は地震を感じたからと言って、自由に動くこともできない場合が多いでしょう。安全な空間ができるならそのような空間を確保して、そこで過ごすことが、地震で家が壊れて圧死するというような悲劇は避けられます。令和6年能登半島地震から使われ出した単語「生存空間」の維持です。今後、完全に潰れた家の中で生きていける空間をどのように確保できるか、注意してさまざまな情報に耳を傾け、自分の知識や力にしてほしいです。

　一般市民向けの講演で「地震は必ず起きますから、家の耐震化は絶対にしてください」と強調されているのを聞いたことがあります。言っていることは間違いないのですが、耐震化したからと言って、それが役立つとは限らないのです。その人の主張の通り耐震化工事をして10年後ぐらいまでのうちに大地震が起これば、その工事は役立ったと言えるでしょう。しかし、仮に30年経過しても地震が起きない可能性は十分あるのです。その30年は地球の寿命のタイムスケールではたったの10秒程度のずれなのです。しかし、せっかく実施した耐震化工事は人間の寿命のタイムスケールでは老朽化してくる可能性が高いのです。

　私は耐震化というハード面ができれば結構ですが、できなくとも大地震が発生したらどうすべきか、自宅の現状を見ながら考えるソフト面から生き延びる方法を考えるべきと主張しています。壁が落ちた、窓枠が外れた、曲がったなど家が壊れても、潰れなければ命を失う危険は極めて低いのです。

　しかし、現実問題として阪神・淡路大震災でも令和6年能登半島地震でも、木造家屋の倒壊で圧死者が相当数出ました。神戸市の長田地区は耐震性に劣る古い木造住宅が集中している地域だったと説明されました。能登半島地震では輪島市や珠洲市の家が外見上はかなりしっかりしたつくりのように

見えても、2020年からの群発地震で震度5（強・弱）の揺れを数回は受けていて、従来の耐震性が失われていた家が倒壊したのではと想像しています。倒壊した家屋はほとんど重い瓦屋根の木造で、1階の屋根の部分が地面に接するように完全に潰れていました。犠牲者の90％が倒壊した家屋内での圧死関連でした。木造家屋が完全に倒壊すると実際にはほとんど逃げ出すことが不可能に近いことが示され、「生存空間」なる言葉が生まれたのでしょう。

6.10 居間や寝室の安全確保

第4章7節で述べたように大阪の地震で、倒れてきた本棚の下敷きになり命を落とした人がいましたが、調べてみると本棚の下敷きになる人は意外に多いようです。タンスのような大型家具ではないのに不思議ですが、タンスなどと比べれば背が低いものが多いので、かえって転倒の防止がしにくいのかもしれません。さらに本が並んでいないときは軽いので、油断する人も多いのでしょう。本棚でも転倒すれば命を失う原因になることを前提に、なるべく人の集まる部屋などには置かない方が良いです。置くなら必ず転倒防止策を行うべきです。

さらに本棚の「本」も凶器になります。私の記憶では21世紀に入ってからだけで、2人の人が地震で本棚から落ちてきた本に埋もれて命を落としています。しかもその地震たるや、M7前後で決して大きな地震（巨大地震）ではないのです。全体の死者が2人から3人でその1人が本に埋もれて亡くなっているのです。「地震では本棚の本も凶器になる」ことを頭に入れておいてください。

最近はクローゼットが備え付けてある住宅も増え、タンスのある家が少なくなりました。しかし、タンスばかりでなく、食器棚など、まだまだ家の中には背の高い家具があります。これら背の高い家具は、家具の天板と天井との隙間を埋めることで転倒は免れます。隙間を埋めるものは空の段ボールなど廃品を利用してもよいです。

令和6年能登半島地震では完全に潰れた家の中にできた空間で生き延びた

例が報道されています。倒壊した場合に備え、家の中で大人が倒れても下敷きにならない程度の高さ1mぐらいのタンスのような家具、あるいはテーブルなどはあった方が、倒壊した場合には生存空間が維持できる可能性があります。

壁にかかっている重い物も、地震では凶器になる可能性があります。私が一番気にしているのはエアコンです。一見、落下しそうもありませんが、老朽化を含め安心はできないので、寝室などの場合は、エアコンの下に頭がくるような寝方は避けた方がよいです。

このように室内には、日常的には便利に使っている物が、地震のときには、凶器となる品物があります。日頃からそのような物を識別しておき、いざというときに「こんなはずではなかった」と後悔しなくて済むようにしてください。家庭内での話し合いも大切です。そのような日常の努力がいざというとき、家族全員の命を守ることになります。

6.11 家屋の建っている地盤

地震環境で重要なのは家の建っている地盤の状態です。軟弱地盤が最初に大きな問題になったのは1964年の「新潟地震」（M7.5）でした。地震が起こった直後、新潟市はこれまで地震に襲われたことはないと言われましたが、じつは地震がなかったのではなく新潟市がなかったのです。現在の新潟市は信濃川の河口付近に発達した街です。したがって市内の地盤はすべて信濃川の河川敷とよべる地域でした。

地震後新潟市内を歩くと、建物そのものは壊れていないのに、傾いて地面の中に1階部分の半分程度が沈んでいる家が沢山ありました。市内のあちこちで道路から砂が噴き出していました。このような噴砂現象はそれまでは田んぼや河原で見られる現象と考えられていたのが、市街地で見られたのです。つまり新潟市の被害のほとんどは、地盤の液状化により起こったのです。

同じく新潟地震では新潟から北に延びる国道沿いで、家屋がぐしゃぐしゃに壊れている地域がありました。明治時代の地図を見るとその地域は田んぼ

でした。宅地化されて数十年はたっていたでしょうか。現在は国道沿いの立派な宅地に見えた地域が、地震はその弱い地盤を大いに揺すり、ほとんどの家屋が大きな被害を受けたのです。

　この新潟地震以来、地震災害の折には液状化が注目されるようになりました。自宅の建っている場所が昔はどんな場所だったかを知っておくのは重要です。知る一つの方法は国土地理院が発行している昔（明治時代）の地図を見ることです。昔の地図で田んぼや河川敷、あるいは池などがある地域は、地盤が弱いと考えられるため、新しく土地を購入するなら避けた方が良い場所です。現在でも昔の地図の購入は可能です。

　令和6年能登半島地震では震源から100 kmも離れた内灘町で液状化現象が起こり、家が傾いたり壊れたり、地面が凹凸になり道路の走行にも支障をきたしていました。この地震の被害は能登半島北端の輪島市、珠洲市に集中していたので、その被害が地震発生から1週間以上が過ぎてから報道されるようになっていました。最近は工事方法の進歩により、土台や下の地盤を特殊工法で強くして軟弱地盤に家を建てることができるようになっています。

　1978年の宮城県沖地震では、「切土と盛土」が話題になりました。仙台市内で開発造成された宅地で、山の斜面を削って平らにした（切土）土地に建てた家は強く、その削った土砂を盛って斜面を平らにした（盛土）土地の家は弱かったのです。どちらも外見は変わらなくても、地震の揺れには耐えられなかったのです。もし、どこかに家を新築しようと考えている人は、その土地の性質も十分に調べておくことが必要です。

　地震に対する土地の強さとして重要なものに、周辺の土地の高さ（標高）もあります。急斜面の下などに建っている家屋は、崖崩れや山崩れの心配があります。水害では谷筋が怖いです。これは、地図で見れば等高線が山側に凹んでいる地域です。土石流はV字谷に沿って襲ってきます。ところが、地震で起こる山崩れは等高線が出っ張っている斜面に起こることが多いです。地震後の山崩れが起こった斜面を見ると実感されるはずです。

　2018年の「平成30年北海道胆振東部地震」（M6.7）では震源地の厚真町を中心に、大規模な土砂崩れが発生し、大きな災害となりました。地質の専門家によるとここは地表に火山灰や砂礫などの火山噴出物が堆積していて、

滑りやすい構造になっていると指摘しました。森林に覆われた山の斜面が、その森林をそのまま移動するように流れ下り、麓（ふもと）の家屋を直撃したのです。上空からの写真ではそのような土砂崩れの跡が何十条も見られるのです。

　九州南部にはやはり火山噴出物が堆積した地層があり「シラス」とよばれ、崩れやすい地層との知識が、地元住民には十分にあります。台風のときは自治体も崖崩れ、土砂崩れなどに注意をしている地域です。

　ところが胆振（いぶり）地方東部のこの火山噴出物の地層に関して、なんの情報も住民には知らされていなかったようです。地震防災マップなどには表示すべき情報です。

6.12 地震環境

　大地震が発生したとき、自分の周辺がどのようになるか、それをまとめて「地震環境」という言葉でくくります。前の2つの節で述べた家の中や周辺の様子や地盤も地震環境ですが、抗震力の地震環境はもう少し範囲を狭く限定し、自分自身の日常の行動範囲の中で、地震が起こるとどのようになるかを考えます。

●家の周囲　まず自分の家の周辺に注目してください。前にも触れましたが屋根瓦の問題があります。最近関東地方では瓦屋根の家が少なくなっていますが、地方にはまだ瓦屋根の立派な家が並んでいます。令和6年能登半島地震の倒壊家屋もほとんど瓦屋根でした。特に九州や沖縄では、台風に備えて、瓦屋根は必要のようです。しかし、地震に対しては瓦屋根は極めて危険です。

　その事例として私の父が小学校6年生のときに、関東大震災に遭遇した際のエピソードがあります。そのとき、屋根から瓦が雨、あられのごとく落ちてきて、その恐怖心は大人になっても消えなかったようです。父は生涯自宅を3回建て直しましたが、いずれも地震のときには危険だからと屋根には瓦を使いませんでした。完全にトラウマになっていたようです。

　屋根瓦は地震の揺れで落下します。先に石川県の例を示しましたが家の中で地震を感じ慌てて外へ飛び出す人は大変危険です。事前に自宅の屋根は瓦

ではないから落下物は心配ないことを確認しておく必要があります。

　同じように自宅の敷地内には、倒れて危険な物はないかも日頃から注意しておく必要があります。ブロック塀はその典型で、道路に面していれば、他人にも迷惑をかけることにもなります。ブロック塀ばかりでなく、石組みの塀など、十分に注意してほしいです。立派な石組みの塀をつくったとして、その塀を修理しなければならなくなる時期と大地震の発生はどちらが先かとなれば、私はやはり人間のつくった塀と考えます。でも、その前に大地震は絶対に起こらないと言えないところが自然現象なのです。

　日頃から自分の住む家とその周辺で、地震が起こったら倒れそうなものはないか、落下して来そうな物はないかなどに注意し、地震災害の想像を働かせておくことによって、命は守られるのです。

●**火災の危険**　関東大震災の苦い経験から、「地震を感じたらすぐ火を消せ」は、地震発生時の一つの格言になっていました。その事情が少し変わってきたのは阪神・淡路大震災からです。直下地震の直撃を受けた神戸市を中心とする被災地では、突然下から突き上げるような震度6から7の強い揺れに襲われたのです。立っていることも困難な状況下で、火を消しにガス器具に近づくこともできなかったというのが、多くの被災者の意見でした。

　その後、各ガス会社は、地震での大揺れを感じたら自動的にガスの供給を止めるシステムを開発し、実用化されています。特に都市ガスではこのシステムが普及しており、大揺れの中を慌ててガス器具まで行く必要はありません。またプロパンガスも感震センサーが付いていて、ほとんどが自動的にガスの供給を停止するようになっています。

　ただし、一旦停止したガス供給を再開する場合には、まずは、すべてのガス器具が閉じているかどうかの確認してください。ガスが漏れ出し大事故につながります。

　もう一つの発火原因となるのが電気器具です。揺れで散乱した物の中にあったストーブが通電によって働き出し、周辺の品物に火が着き、火災が発生した例が、数多くあったそうです。現在では電気に関しても、同じようなシステムが開発されています。各家庭の配電盤のところに、感震センサーを付けると、自動的に電気の供給が止めることができます。ただし、こちらも

供給が再開される前にコンセント類を全て外しておいた方がよいです。供給再開時にコンセントにたまったホコリに引火した事例も出ています。

これらは日本が国を挙げて地震対策を行っている成果の例です。「消火の努力をするより、とにかく自分の身を守りなさい」が現在の地震対策です。

●**周辺道路**　自分や家族がよく使う道路、生活道路とよべるような道路の事情を知っておくのも重要なことです。通勤や通学に使う道路、買い物に行く道路などです。

道路によっては電線も地下に埋設され、両側の歩道は歩行者と自転車のレーンに分けられています。車道は幅が広く余裕があります。車道側の歩道には背の低い植物が植えられ、車道との区別も明瞭です。このような道路で地震に遭遇しても、あまり心配しないで生き延びられるでしょう。ただ車道の車の動きは予測できません。歩道の中央でもし街路樹があればそれにつかまり揺れの収まるのを待つしか方法はないでしょう。

また、このような比較的広い通りで地震に遭遇するとは限りません。その通りから一歩横道に入れば、そこには電柱があり、電線や電話線が張られています。重い変圧器のような器具がある電柱もあります。ブロック塀もあるでしょう。このような道路が通学路の場合には、日頃から子どもたちにその危険性を知らせておくのが良いでしょう。そのような話の積み重ねが、子どもの抗震力を育てていくのです。

広域避難所は火災の発生時のために、それぞれの地域に設けられていますが、地震や津波のときも、避難所までは行けるように日頃から家族で話し合っておいた方が良いでしょう。倒壊した建物に塞がれ、普段は通れるはずだった道路が通れなくなることもあります。地震で火災が発生する割合は低くはなっていても、発生しないとは限りません。海岸に面していれば津波の心配もあります。考えるだけでもよいので折に触れ、付近の道路の危ない場所を話し合っておくことが重要です。

地震で揺れが収まった後、地下の上下水道管の破裂、排水路の逆流などにより、道路から水が噴き出すこともないとは言えません。

「万に一つ」という言葉がある通り、地震時には思いもよらないことが起こるかもしれません。しかし、日頃から地震のときの対応に「抗震力」を高

めておけば、「想定外」と思われる事象にも対応できる力、つまり応用力がつくと考えています。あまり特別な事象に対して心配するより、目の前で起こりそうなことを考え、それに対応する力をつけておくことが大切です。

　令和6年能登半島地震では日本海沿いの道路が崖崩れで寸断され、ほとんどの集落が孤立しました。道路が普及されるまでは、どこからも支援が得られない可能性があります。このような環境の集落では常日頃から、被災後の対策を検討しておく必要があります。行政が担当する部分もありますが、まずは集落レベルで考え続けておくことが、被災したときには役立ちます。

6.13 | 津　　波

　東日本大震災で日本国民は、津波のおそろしさを十分に学びました。おそらく海のない県に住んでいる人たちは、自分は津波には関係ないと考えている人が多かったでしょう。しかし、人や車、家屋が流されていく現実を見て他人事ではなくなりました。自分もいつかは直面する問題だと気がついたのです。津波は島国日本の宿命であり全国民の共通の課題になったのです。

　東日本大震災で過去の津波被害は影が薄くなったようですが、これまでも多くの被害がありました。その一つで、私が忘れてはいけないと思うのは1983年の「日本海中部地震」（M7.7）です。この地震では死者は104名でしたが、そのうち津波で流されて亡くなった人が100名でした。この地震でも津波の怖さがわかっていたら、多くの命が助かっていたと思います。

　地震が起きたとき、秋田県の山間にある小学校は遠足でバス2台に分乗して、男鹿半島の海岸に到着しました。生徒たちがバスを降りたところで地震に襲われました。引率していた教師の指示で、一行は海岸から離れた道路でしばらく様子を見ていたようです。しかし、特に変化がないので、児童たちを浜辺まで連れて行き、そこで弁当を食べ始めました。そこに津波が襲ってきて、児童13名が流され犠牲になりました。

　秋田県は海に面した県ですが、山間部の学校に赴任していた教師に、どの程度地震の知識があったかはわかりません。教師といえどもあまりなかったのでしょう。いまから40年前の話なので、携帯電話はもちろん携帯ラジオ

写真 6-4　湘南海岸の津波避難タワー

もそれほど普及していない時代でした。しかし不思議なのは、教師たちが津波に関して少しも関心を示さず、揺れが収まったから安心と思い、児童たちを海辺へと連れて行ったことです。当時でもバスに付いていたラジオで地震情報を聞くとか、秋田地方気象台へ問い合わせるとかの知恵が働かなかったのが、私には不思議でした。こんな悲劇は二度とあってはならないのです。

　海の近くに住んでいる人は、自宅の地震環境、津波環境をよく頭に入れておくべきです。自治体はそれぞれハザードマップを作製しています。まずどんな地震のときに津波が発生するのか、実際津波が来そうな地震が起これば、ラジオやテレビは速報するので、それに従って行動することになります。ただ普段から逃げる場所などを考えておかないと、いざというときには役立ちません。津波に際して避難できるビルなども指定されてきていますから、まずは逃げる、逃げてから考えるというような気持ちが必要です。

　そうはいっても海岸付近は平地が広がっている場合が多いです。そこで建設が奨励されているのが「津波避難タワー」です。関東地震の震源地である相模湾沿いの湘南海岸は波打ち際からほぼ 200 m の範囲内に浜堤があり、標高は 8 m 前後で、その上に国道が建設されています。正月の関東大学箱根駅伝のコースにもなっている道路です。道路の両側にはほとんど幅 10 m から 20 m の砂防林の松林が広がります。その松林の海側に高さ 10 m の津波には十分対応できる津波避難タワーが設けられています（写真 6-4）。

6.13 津　波

写真 6-5　集合住宅の入口に貼られた津波避難ビルのステッカー

　関東大震災でも相模湾内の津波は数メートルで、震源付近の静岡県熱海で12 m の記録がありますが、これは遡上高のようです。実際藤沢市の江の島に渡る橋は 6 m から 7 m の津波で破壊されたようで、海岸で記録された高さはほとんど 7 m 程度以下でした。したがって次の関東地震もその程度の高さの津波は来ると覚悟した方がよいでしょう。

　湘南海岸は地形的にも、行政の対応も比較的津波対策ができていると思います。それでもはっきりしないのが「津波避難ビル」です。私の住む集合住宅も津波避難ビルに指定されています。入口には「津波避難ビル」の小さな

写真 6-6　津波への注意標識

ステッカーも貼られ、市の津波対策マップにも表示されています。しかし、道路を歩いている限り、その建物が津波避難ビルに指定されているとわかる表示はとても小さく、土地勘のない人には探すのが大変です（写真 6-5）。また住民が津波で避難して来た人たちにどのように対処すべきか話し合われてはいません。おそらく、津波避難タワーの建設を含め、事情は全国どこでも同じでしょう。ただ東日本大震災から復興を果たした三陸海岸は別だろうとは思います。

残念ながら日本列島は太平洋側も日本海側も地震が起これば津波の被害は免れません。過去の被害状況を知り、現在の自分たちの置かれている状況を理解した上で、津波に対するシミュレーションを繰り返してみてください（写真 6-6）。

令和 6 年能登半島地震では能登半島先端付近では最大波高 4 m を超す津波に襲われましたが、津波による死者は 2 名と報道されています。また能登の海岸は最大 4 m の隆起も認められています。津波そのものは最大でも 4 m から 5 m 程度でそれほど大きくはありませんので、東日本大震災の教訓が生きている可能性はありそうです。

6.14　地震の知識

●**地震の用語**　この本を手に取るような読者たちは、それなりに地震につい

ての知識はもっていると思いますが、ここではそれを整理してみます。

　阪神・淡路大震災以来「活断層」という言葉が流行し、その存在に人々の注目が集まるようになりました。特に原子力発電所は活断層の上にはつくらないとの規則があり、活断層の有無が話題になっています。

　断層は地下の岩盤の中に生じている割れ目です。その割れ目に沿って岩盤が動くのを「岩盤が破壊された」と言います。割れ目を境に岩盤が動きますが、その動いた面を断層面とよびます。また岩盤が破壊されるとき、そこから物理学用語では「弾性波」とよばれる波が発生します。発生する波は縦波と横波で、地震の波としてはそれぞれP波、S波とよびます。

　地下で岩盤に沿って地面が動きますが、その動きは割れ目を境にして互いに逆の方向に動き、地下での動きが地表面まで出てくると、地表では地面が上下方向に食い違ったり、水平方向に食い違ったりした地形が現れます。地震によって生じたこのような食い違った地形を「地震断層」とよんでいた時代もありますが、現在はあまり使われません。地震の後、震源地付近を調査していて、地面にくい違いがあると「地震断層が現れた」と、一つの大きな発見のように報じられた時代がありました。断層は地震が起こったために出現したので「断層は地震の子どもである」と考えられていました。ところが1960年代になって、地下の断層が動くことによって地震が発生する、つまり「地震の親は断層である」ことが明らかになったのです。

　そして1995年の阪神・淡路大震災で、淡路島の北端に野島断層が出現して、活断層という言葉が人々に知られるようになりました。活断層は断層の中でも時代的には第四紀とよばれる、過去50万年間に動いたことのある断層と定義されていました。しかし、学問的に地球を考えるときには50万年間でもよいのですが、人間がかかわる地震という現象になると、あまりにも期間が長いので原子力発電所の建設などでは、過去8万年から10万年の間に動いた断層、さらには40万年間に動いた断層を「活断層」とよんでいるようです。なお現在は第四紀という地質時代は260万年前までとされています。日本列島では人類の遺跡で最も古いのは石器時代で5万年前頃です。10万年前は石器時代の先祖も現れていたかはっきりしない頃の話なのです。

　活断層があれば地震が起こる可能性が大きいと、地方自治体などでもそれ

146 第6章 抗 震 力

それの地域内に活断層の有無が大問題になります。そして「この断層の活動
間隔（地震が起こる間隔）は 8000 年であり、6000 年以上動いていないので
注意が必要」や、「この断層が今後 30 年間に動く（つまり地震が発生する）
確率は 10 ％」などと発表されています。すでに述べているように、これら
の話はすべて地球の寿命での話です。地球の寿命のタイムスケールでは「す
ぐ」とか「じきに」とかの言葉が使われても、そこには 50 年、100 年ある
いはそれ以上の誤差が含まれていることを忘れないでください。

　活断層は「将来も活動（動く）する可能性がある断層」と定義されていま
すが、では将来動くかどうかはどのように決められるのでしょうか。それぞ
れの断層の過去の履歴を調べ、将来の活動を予測します。過去の履歴の調査
の一つが「トレンチ調査」で、断層を横切るように垂直に穴を掘り、その断
面から過去の地層の動きを調べるのです。実際このような調査がなされてい
る活断層の一つが 1930 年の「北伊豆地震」の丹那断層です。

　丹那断層のトレンチ調査では過去 6000 年間に 9 回の地震により動いた地
層が認められ、その平均活動間隔が 700 年と推定されています。したがっ
て丹那断層の次の活動は 2600 年から 2700 年、つまり 27 世紀から 28 世紀
頃と予測されています。しかしこのような調査がなされているのはごく少数
で、活断層とは言っても次の活動が予測できているのはごくまれなのが現状
です（図 6-1、写真 6-7）。

　断層が動くと地震波が発生します。震源地の真上では発生後すぐ縦波（P
波）の突き上げるような波が到着し、大揺れに揺れて被害も発生し始めま
す。しかし、震源から 20 km、30 km と離れるともう縦波と横波（S 波）の
分離が始まり、最初に秒速 7 km から 8 km で伝わる縦波が到着します。こ
の揺れは「ガタガタ、ゴトゴト」といった感じの振動の早い（震動周期の短
い）波です。それから少し時間をおいて「ユサユサ」というような、振動が
ゆっくりした（震動周期の長い）横波が秒速 4 km 程度の速さで伝わってき
ます。地震での被害の多くはこの横波の揺れで発生します。

　縦波が到着してから横波が到着するまでの時間を「初期微動継続時間」と
よびます。ガタガタとした揺れを感じたらすぐ時計を見て、ユサユサという
揺れが来るまでの時間を計ってください。その時間つまり初期微動継続時間

6.14 地震の知識　147

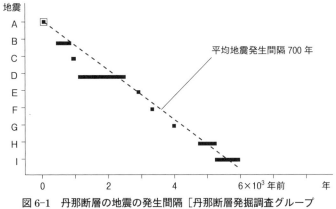

図 6-1　丹那断層の地震の発生間隔 ［丹那断層発掘調査グループ（1983）をもとに作成］

写真 6-7　丹那断層のトレンチ調査で現れた断層面

が 10 秒だとすると、それを 8 倍した値が、あなたのいる場所から地震の震源地までの距離（単位は km）になります。8 という数字は縦波と横波の速さから求められますが、ここでは説明を省きます。震源までのおおよその距離を知るのですから、日本国内では 8 倍にしておけば間違いはありません。

「地震を感じて 1 分たったら安心」という格言があります。これは初期微動継続時間が 1 分以上か、あるいは 1 分以内に両方の波が到着しているかのどちらかです。1 分以上たっても横波が到着しないのであれば、震源地が 500 km は離れているから、たとえそれから横波が到着しても被害が起こる

148 第6章 抗 震 力

ような揺れにはならないということです。また両方の波が到着している場合には、地震が大きくなく、やはり被害は起きないと判断できるのです。500kmはほぼ東京から大阪の距離です。関東大震災では大阪で震度2程度の揺れは感じても被害が起きていません。

ただし高層ビルで起こる長周期地震動は、この範疇に入らないことがあります。高層ビルで地震を感じたら少なくとも10分ぐらいは揺れの様子を見ていてください。

大きな地震が起こると、気象庁は「緊急地震速報」を発します。地震が発生し、数か所の地震計で縦波を観測した時点で、その地震の起こった場所と大きさを推定します。そして大きな地震の可能性があれば、震度4以上の揺れが予想される地域に知らせるというシステムです。この速報は地震が発生してから出される情報であることを理解してください。1880年、日本地震学会創立の基調講演で述べたジョン・ミルンの地震警報システムはこのようなことを考えていました。地震予知は起こる前にその発生を知ること、地震警報システムは縦波と横波の伝わる速さの違いから、地震が起きた後横波の到着前に、その到着時刻を知らせるというシステムです。

緊急地震速報報が出された時点であなたのいる場所にも縦波も横波も押し寄せつつあります。私はこの情報は交通機関で電車を止めるというようなことには役立つかもしれませんが、一般家庭ではまったく役立たないと考えています。それは大きな地震で被害が出そうな場合は、速報が届いた頃には横波も到着しており、すでに被害が出始めているでしょう。速報が届いてから大揺れがきた地域では、震源から遠く離れているので、たとえ大地震でも被害が発生することは極めて少ないからです。この速報の性質をよく知って対応してください。東日本大震災のときには次々に緊急地震速報が発せられましたが、役立ったという声は聞かれなかったと思います。

地震の親は断層です。断層面が大きく、その面が大きく動いたら大地震が発生します。地震の大きさはマグニチュード（M）で表します。「マグニチュード」は地震の波の形から断層面の大きさ（面積）やその動いた量などを求め、それらの値から計算します。

東北地方太平洋沖地震（東日本大震災）では断層面はすべて海底ですか

6.14 地震の知識　149

ら、陸上で起こった地震のように、正確には断層面の大きさを決めることは
できませんが、南北方向 500 km、東西方向 200 km の広範囲で 20 m から 30
m ぐらいのずれがあったと推定されています。その結果、求められたマグ
ニチュード（M）が 9.0 でした。ちなみに濃尾地震は内陸で発生した史上
最大の地震（M8.0）であり、現れた断層のずれは上下方向に 6 m、水平方
向に 2 m でした。

　東日本大震災が発生した当時、この地震の呼び方が巨大地震と超巨大地震
にわかれました。すでに述べましたが、私は M9 以上の地震を超巨大地震、
M8 クラスの地震を巨大地震とよぶことにしています。M7 以上の地震を気
象庁は大地震と総称しています。

　このようにマグニチュードは地震そのものの大きさですから、M7.0 と M
8.0 の地震では、そのエネルギーは 30 倍の違いになります。

　東日本大震災が発生したときのテレビ画面に表示されたマグニチュードは
7 クラス程度の地震でした。その値は次第に大きくなり最後は M8.8 ぐらい
の値が示され M9.0 と確定したのは翌日になってからでした。最初のマグ
ニチュードは緊急地震速報を出すために、とりあえず震源地近くの地震計に記
録された地震波の到着時刻や波の振れ幅（振幅）を読み取って決めた値で
す。地震発生から 1 分以内にはそれらの値の計算は自動的に終了し、発表さ
れるのです。しかし、その計算に使われた波動は地震が発生直後の波動で、
その後も断層の形成は続いており震源はまだ割れ続けていたのです。

　断層が割れていく速さも毎秒 4 km 前後ですから、最初の震源決定した波
が近くの地震計に到着している頃にも断層はまだ割れ続け、地震は継続して
いたのです。断層の長さが南北 500 km ですから単純に計算しても、その断
層が形成されるまでには 2 分以上の時間を要するのです。マグニチュードは
地震全体の大きさを表すので、途中の波だけで求めた値は実際より小さな値
になります。このようにして次々に震源決定をして、その精度を高めてい
き、最終的に震源地が決定されますが、同時にマグニチュードも決定されま
す。マグニチュードの発表値が、発表のたびに大きくなったのは、このよう
に超巨大地震の断層が形成されている途中の値だったからです。

　最近は地震が起こるとすぐテレビ画面に各地の震度が表示され、しばらく

してからマグニチュードが決められ表示されます。「各地の震度」というように、「震度」とは地震を感じたその場所の揺れですから、震源に近くなれば大きくなり、いくら超巨大地震が起こっても震源から遠ければ小さくなります。逆に M5 程度の小さな地震でも、震源の真上では震度 5 を記録することもあります。震度は震度計が置いてある場所の地盤の強さにも影響されます。自分の街の震度はいつも周辺の町の震度より小さいというようなことがあれば、それはその町の震度計が、たまたま固い地盤の上に置かれているのだろうと推測できます。

●**地震の起こり方**　日本は地球上でも珍しく、地震の多発地帯です。現在の地球物理学では地球の表面はプレートとよばれる十数枚の岩盤の板で覆われています。板の厚さは 70 km から 100 km ぐらいで、海嶺で形成され、海溝のある所で地球の内部に消えてゆくと説明されています。

　日本列島では陸側のユーラシアと北アメリカの 2 枚のプレートの下に、太平洋プレートとフィリピン海プレートが沈み込んでいます。この沈み込みによって三陸沖の海底に形成されているのが千島海溝から日本海溝で、東北地方太平洋沖地震もこのプレートの沈み込みによって起こりました。

　伊豆諸島の西側にはフィリピン海プレートが北上してきて、同じように静岡県から西の日本列島の下に沈み込んでいます。海底にはトラフとよばれる海溝よりは浅く、幅の広い谷状の地形が形成されています。このフィリピン海プレートの沈み込みによって起こるのが、南海トラフ沿いの地震（東海地震、南海地震など）と関東地震です。伊豆半島を境界として北東側の北アメリカプレートの下への沈み込みによって相模トラフが形成され、関東地震が発生します。また北側から北西方へのユーラシア大陸の下への沈み込みによって駿河トラフから南海トラフに続く大トラフが形成されており、超巨大地震の発生が心配されています。さらにその南西側では琉球列島の下に沈み込み南西諸島海溝が形成され、巨大地震も発生しています。

　伊豆半島から南に延びる伊豆諸島、小笠原諸島、さらにマリアナ諸島へ続く島嶼群はフィリピン海プレートの東縁を形成しており、太平洋プレートは東側からフィリピン海プレートの下に沈み込み、伊豆から小笠原海溝やマリアナ海溝を形成しています。千葉県沖から小笠原諸島にかけてときたま巨大

6.14 地震の知識　151

地震も発生しています。

　首都直下の南関東の下には海側から太平洋プレートとフィリピン海プレートが沈み込み、陸側では北アメリカプレートとユーラシアプレートが接してフォッサマグナを形成しながら、海側プレートと相接しているという複雑な構造になっています。プレートの内側よりも接している面で地震は多発します。日本は宿命的に首都圏の下が、地球上でも珍しく4枚のプレートが接する地震の多発地帯です（第4章図4-2）。

　日本列島では、太平洋岸の太平洋プレートとフィリピン海プレートの沈み込みで起こるのが、三陸沖地震、関東地震、東海地震、南海地震などとよばれる巨大地震です。このプレートの沈み込みで起こる地震は、100年から250年に一度ぐらいの割合で繰り返しています。震源が海底のため、津波も発生します。これも日本列島の宿命です。

　これに対し内陸では、活断層が動いての地震発生となります。これまで内陸で起こった最大の地震は断層の項でも述べた1891年の濃尾地震（M8.0）ですが、日本の震災史上最大の内陸で起こった地震です。この地震では伊勢湾から福井県に抜ける総延長100 kmの大断層系が出現しました。個々の断層は10 kmから20 km程度のようですが、それが連続して動いたことになります。そして中央部の岐阜県の根尾谷では上下に6 m、水平に2 mずれた水鳥断層が出現しました。

　日本列島内はほとんど例外なく活断層が並んでいます。関東地方は例外的に活断層が少ないのですが、それは関東平野が利根川の沖積層が厚く堆積しており、地下の岩盤の様子がわからないからです。東京の墨田区や江東区などで、音波探査や小規模な地震探査をした結果では、断層が見つかったという報告があります。

　実際1855年の「安政の江戸地震」（M7.0からM7.1）や1894年の「東京地震」（M7.0）では、東京の東部、いわゆる下町を中心に、大きな被害が出ています。活断層の存在ははっきりしなくても、地震は起こるのです。

　日本列島の中を詳細に見れば、たしかに地震のよく起こる地域とそうでない地域があります。しかし、地震の起こる地域といっても数百年から1000年、あるいはそれ以上の間隔で1回程度なのです。したがって、人間の寿命

から考えれば、自分の住む地域に活断層があったとしても、自分の生きているうちには地震は起こらないと考えても不自然ではありません。ただし、絶対に起こらないと断言できないのが、残念ながら現在の地震学の力なのです。

防災科学技術研究所では、今後 30 年以内に震度 6 弱以上の揺れに見舞われる確率の分布とおもな地震の長期評価の結果から「全国地震動予測地図」を文部科学省のホームページ上で公開しています。自分の住む地域がどの程度の揺れを予測されているのかを知ることができますが、その通りに地震が起こるとは限りません。すべては地球の寿命での話です。防災マップやハザードマップなども出されています。興味のある人はそれぞれの図の目的をよく理解した上で、参考にしてください。

6.15 子どもたちの抗震力

抗震力を提唱した頃、ある大学で「子どもたちの抗震力」を考えられないかと言われました。それ以前から子どもたちの地震対策を漫然と考えていました。そして結論は月並みですが「抗震力には王道はないです」でした。

幼稚園児や保育園児、小学校の低学年の子どもには、まず地震がおそろしいものではないことを、機会あるごとに教える必要があると思います。自然現象なので人間の自由にはならないことを身につけさせます。これは家庭での両親や学校の先生の役割です。雨が降るように地震も地球の中で起こる現象であることを、毎回話していくうちに、子どもの心の中にそれぞれの地球観や自然観が形成されていくでしょう。その延長線上に地震像ができあがるのが理想です。

小学校低学年や幼稚園、保育園などでは、すでに行われているように「地震を感じたら机の下にもぐる」という基本を身につけることが、一番良い方法です。まずは落下物から身を守ることが第一です。日本なら地震の揺れを感じる機会はどの地方でも、月に 1 回、あるいは年に数回ぐらいはあるでしょう。その積み重ねが大切なのです。

小学校 5 年生から中学生までぐらいは、テレビで地震情報が流されたと

き、あるいは地震の揺れを感じたとき、その状況に応じて地震の話をしてゆくのがベストです。遠く離れた三陸沖の地震だったら、地震は同じ場所で繰り返し起きること、三陸沖では必ず津波が発生する、津波対しては高台に逃げるなどを子どもとの会話で理解させてほしい内容です。地震が起きたときは通学路で危険な場所はないかを話し合う、家の中での危ない場所と、安全な場所を考えるなど、そのときどきの地震でテーマは異なりますが、それにより子どもたちの地震の知識が増え、抗震力も身についてくると思います。

いずれにしても学校や家庭内での話し合いで、交通ルールを教えるのと同じような感覚で地震環境を理解させていくことが大切です。子どもには「正しくおそれる」ことを教えるのが第一歩かもしれません。親も子どもも地震に遭遇しても生き延びるにはどうすればよいか考えることが最終目標になるのでしょう。

コラム⑥

交通ルールと同じように抗震力を学ぶ

交通事故に遭わないために、私たちは子どものときから右側通行、横断歩道、車は左側通行など、いろいろなルールを学びます。そんな教育があるから多くの人々は交通事故にも遭遇しないのです。地震に対しても同様で、基本的な交通ルールと同じように、基本的な地震対策をひとくくりにして、「抗震力」とよぶことにしています。

抗震力は本書では「個人の究極の地震対策」として提唱しています。地震に伴って起こるいろいろな現象に対処するためには、これだけやればよいということはありません。あれもこれもという総合力が必要とされます。

第 7 章

防 災 力

7.1 防災力とは

　地震対策として一般に広報されることは建物の耐震化、避難所、食料、トイレなどの問題です。このうち建物の耐震化だけは第 6 章で述べた抗震力に属しますが、被災後に関連する避難所、食料、トイレなどの問題に対処する力をここでは「防災力」と称します。防災力により被災後には、苦労はあってもできるだけ早くに元の生活に戻ることを目的にしています。

　防災力も行政と個人の対応があります。令和 6 年能登半島地震でも長期間の停電、断水のため、自宅に戻れないで避難生活が 3 か月、4 か月になった人も出ています。いわゆるライフラインやインフラの維持は自治体の役割になります。避難所開設の判断を含めすべては自治体の役割です。

　個人的には食料の準備、ペットボトルでの飲料水の確保、日常的に浴槽には水を溜めて置くなどができる対策でしょう。日頃から個人でできることはできるだけ準備しておく、また自治体はそれぞれのレベルで被災した場合の状況を考えるというような対応が個人の、あるいはその地域の防災力を保持して高めることになります。

　防災情報は市中にあふれていると、私は感じています。情報はあふれていても人々の心には届いていないのが実状ではないでしょうか。令和 6 年能登半島地震をきっかけに久しぶりに、もしくは令和になって初めて地震災害を考えたという人も少なくないでしょう。

　横浜市で毎年 2 月に開催されている「震災対策技術展」を見る限り、多くの自治体がそれなりの対応をしているようです。私の住む神奈川県平塚市は関東大震災の震源地ですが、自治体からの情報は十分にあると思います。

たとえば市から発行されている「ひらつか市民生活ガイドブック」（防災・防犯ガイドを含む）、「ひらつか防災ガイドブック」、「平塚市被災者支援ハンドブック」の3冊子があり、「津波ハザードマップ」、「洪水ハザードマップ」があります。また「かながわけんみんぼうさいカード」という折りたたんで必携と目立つ文字での注意が記されている1枚のビラがあります。内容は地震ばかりでなく大雨や台風などに対しても、述べられています。そこに示されている情報はどれをとっても必要なことで、多くの専門家が必ず指摘する事項がほとんどです。阪神・淡路大震災や東日本大震災の経験を踏まえてまとめられた内容です。書かれていることには賛成ですが、私にはなんとなくしっくりこない感じがあるのも事実です。

たとえば平塚市のガイドブックの地震編の冒頭に「命を守ることが最優先。いざというときのために、避難方法を確認しておきましょう」とあります。前半部分は第6章の抗震力に直結する内容です。後半部分の「いざというとき」とは、「揺れている最中に身の危険を感じたときのために、避難方法の確認」を奨励していますが、身の危険を感じる揺れの震度6強・弱や震度7の最中には、もう動けないのです。避難をするかしないかは揺れが収まってから考えるべき問題です。

指定されている避難所の一つに競輪場があります。ところがその周辺は市内でも低地でこれまでにも浸水が起きている地域です。地震では十分に役立つ避難所ですが、洪水では近寄ることもできないかもしれません。平塚市の担当課の説明では「避難所は競輪場の建物の3階、4階なので心配ない」とのことですが、そこへの到着までの危険などは考慮されずに机上の検討だけで避難所を指定していると言えるでしょう。

これらの冊子を執筆している担当者は、自分自身は自然災害での被災経験はなく、被災地の自治体がまとめた被災経験などを参考にしたと考えられます。そのために前述のような現実とは相入れない表現がところどころに含まれています。ほかの自治体でも同じような事情がある情報が数多く含まれていると想像しています。自治体の情報を参考にする場合も内容を自分自身でよく理解し、自分が被災した場合を想像して対応を考えておく必要があります。家庭での備蓄品、食料や水の備蓄、高齢者や乳幼児のいる家庭での準備

など家族と話し合い、地震に直面したときのそれぞれの対応を日頃から検討・考慮しておくことを推奨します。その検討・考慮のヒントとして震災対策技術展に展示されている個人に役立つ対策などがあります。

防災力を備えようとすれば課題はいくらでも出てきます。しかし、防災力も抗震力と同じように、万全な対策は得られにくいため、日頃から被災した場合のことを考えることが、防災力の強化になるのです。

7.2 | ライフラインの確保

自治体に対する住民の日頃からの要望は「地震に強い街づくり」でしょう。市街地全体を考えながら、広い道路を確保する、広域の避難場所を確保する、自然環境を考えながら崖崩れや山崩れの防止、橋梁の耐震化、ブロック塀の除去など、地震に強い街づくりをすべきであるが基本でしょう。たとえ被災しても外部との連絡道路が確保されていれば、救援、支援活動が容易に受けられるのです。

海岸に面している自治体では津波対策の一つとして、海岸には 10 m 程度の津波から逃れられる津波避難タワーの建設が多くの自治体で進められています。これまで比較的津波の被害の少なかった自治体でも、たとえ 100 年間、役立たないと考えても、やはり人々がよく訪れる海岸には 1 棟は建てておくべきでしょう。

電線や電話線を地下に通せば電柱の必要もなくなり、地震の際の危険要素も一つ減ります。被災後、停電が起きても短時間で復旧する、公立病院や施設では、自家発電設備が完備され、被災前と同じように機能するなど、停電による被害を最小限に留めるよう、日頃から維持・管理に注意すべきです。

令和 6 年能登半島地震では断水が 3 か月以上も続く地域があり、住民は苦しみました。上水道が確保されても下水道が機能しなければ、効果は半減です。上水道の維持には浄水場の整備も含まれます。送水管の維持ともども日頃からの管理が必要です。下水道の管理も同様で、地下に埋設されているからといって日頃からの注意を怠ると、気がついたら老朽化で、大きな揺れでもないのに大被害になったということが起きています。まさに人々の被災後

の生活レベルを維持するシステムなので、日頃の努力が求められます。

7.3 避難所から発せられる不満

　自然災害でも地震と水害では避難所の事情は大きく異なります。水害が発生しそうだから避難所を開設して危険な自宅から避難させ、住民の生命を守るのに対し、地震や津波（人災の火災も同じだが）で被災し自宅に住めないから避難所に行くのです。避難所の開設は自治体の仕事です。

　避難所は日常的には必要ないので、自治体としては万全の態勢を整えているはずですが、実際に開設された後にはさまざまな問題が生じていることが報道されます。問題が生じるのは開設する側の自治体ばかりでなく、避難する側も経験がないので「こんなはずではなかった」という問題が起きるのです。

　学校の体育館が避難所になっている場合、よく聞かれることが、床に寝なければならない苦痛、プライバシーが守られない不満、さらにトイレ、洗面所などの不備があります。避難所開設から時間の経過とともに改善される不備もある反面、より悪くなる不備も少なくありません。私の記憶では1964年の新潟地震の避難所でも聞かれた不満ですから、60年間も同じように、地震による避難所開設のたびごとに発せられている不満、問題が改善されていないことになります。2024年の令和6年能登半島地震でも同じでした。なぜでしょう。

　床に寝る、プライバシーが守られないということには、近年は段ボールのベッドや間仕切りが開発されています。しかし、小規模の市町村でこれらの備品を避難用に備えておくことは、費用対効果の視点からは極めて効率が悪いです。大地震の発生による避難所開設は数十年に一度あるかないかの珍しい出来事です。水害を加えても珍しい事象であることは同じでしょう。そのような事象に対し、市町村ごとにそれぞれが万全を期すのは自治体としては経済的にも効率が悪いです。

　段ボールのベッドや間仕切りを含め避難所に必要な物品は一定量以上を各自治体と県レベルとで備蓄しておき、必要に応じ各市町村に融通しあうとい

うようなシステムが構築されていないことが不思議です。やはり避難所開設のようなことは、日本列島全体としては毎年どこかで報じられることではありますが、個々の自治体にとって遭遇することは極めて少ないからでしょう。

地震列島とよばれる日本では、程度の差はありますが地震が発生していない都道府県はありません。したがって都道府県単位で準備をしておけば、最低限の備えは可能でしょう。ぜひ、改善に向けて取り組んでほしいです。

そのほかにも、ペットの持ち込みなど、新たな問題が出ています。これらの事案を含め日頃から検討し、ルールを明確にして住民に伝えておくことも必要です。このように簡単にできそうな事案から、避難所開設前に整理して、被災後に混乱が生じないようにしておくことが求められます。

7.4 避難所問題の解決

地震で避難所が開設されるたびに直面し、毎回繰り返し報道される問題は「古くて新しい問題」と表現できるでしょう。それがなぜ毎回同じような問題が起きているのかは不思議です。各自治体は必要なことはわかっていても、いつ起きるかもわからない、自分たちの在任中には起きない可能性もある地震対策は、対応の優先順位は低くなっているのです。仕事の中に入っているけれども、未経験のことがほとんどなので処理できないのが、これまでの各自治体の対応でした。

●**プライバシーの確保**　私の住む地域の避難所に指定されている小学校の体育館には、避難所を開設したときの間仕切り用のテントや簡易トイレが備えられています（写真 7-1）。避難所を開設した場合にはすぐ準備できるようになっています。それぞれの自治体での費用対効果を効率よくしなければならない問題は残りますが、まずこのような準備をしている自治体、あるいは個々の避難所が増えてくれば、避難早々に不満を漏らす被災者も少なくなるでしょう。

令和6年能登半島地震に対しては新年早々の被災で自治体の担当者は気の毒とは思いますが、3年間も群発地震が継続していたのですから、それまで

 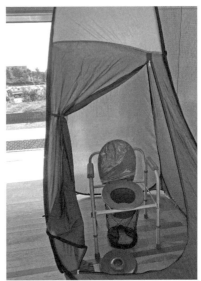

写真 7-1　神奈川県平塚市花水小学校の避難所開設訓練の風景（左：間仕切り用のテント、右：簡易トイレ）

の日常とは違うことぐらいは、気づいてほしかったです。

　石川県の場合は県全体で「大地震発生は極めて稀」と考えていたようで、群発地震の地元の輪島市や珠洲市ばかりでなく、石川県もまた大地震発生をほとんど考えてはいなかったようです。

　2024 年 4 月 3 日に発生した台湾東沖地震では震源地に近い花蓮県の避難所には、翌日にはプライバシーの保てる間仕切り用のテントやベッドが置かれ、炊き出しがなされる様子が、日本のテレビで放映されました。能登地震との差が余りに大きいので驚いた人も少なくなかったでしょう。

　台湾は九州と同じ程度の面積ですが、21 世紀だけでも M6 から M7 クラスの地震が頻発していて、官民が協力して備品を用意して避難所開設がなされていました。地震発生の割合が多いので、備品の準備は日本よりもはるかに費用対効果が良いのです。日本の自治体が地震での避難所開設の経験がほとんどないので、備品の準備も十分でなく、被災者の不満に直結しています。小さな自治体が実際に使用するかどうかもわからない仕切り用テントやベッドを被災者全員にゆき渡る数を準備するのも費用対効果を考えると、極

めて無駄が多いことになります。

　したがって日本では、前節で記したように県を中心にした互助を考えて準備するのが有効です。地震は予算が少ない小さな自治体も無差別で襲います。その現実に立ち、避難所開設も考えていくべきです。被災経験のない地方自治体任せのため、避難所開設に伴う同じような不満が50年以上も繰り返されているのです。

　避難所で使用する目的の段ボールのベッドや間仕切りは県が準備することぐらいは、すぐにでもできることです。県単位で一定数を備蓄品として常に用意しておき、必要に応じ全国ネットワークで連絡し合い、ほかの都道府県へも率先して提供するというようなシステムの構築が望まれます。そのようなシステムができていれば、元旦の夕方という悪い時間の地震発生でも、一日我慢すれば、次の日には段ボールの間仕切りに囲まれベッドに横に慣れたでしょう。災害関連死も防ぐことができます。

　地震の避難所に限れば毎年必ず必要なわけではありませんから、相互援助を前提に、都道府県ごとに一定量準備すれば長期間対応ができるはずです。いつ起きるかわからない地震という自然現象への対応は、日常業務で行われている人間社会への対応とは異なる感覚で、「人間の寿命」ではなく「地球の寿命」感覚で対応するように日頃から考えておくことが必要です。

●**トイレ問題**　トイレの問題は避難所ばかりでなく個人住宅でも集合住宅でも起こりうる問題です。誰もが必要な設備にもかかわらず、利用不可能な場合が出てくるからです。当然の帰結としてトイレに行く回数を減らそうと水分や食事の量を控えて体調が悪くなった人が必ず出てきます。戸建ての場合なら最悪なケースとして庭に穴を掘って用を足すことも可能ですが、避難所や集合住宅ではそれは不可能です。

　私も集合住宅に居住するようになって災害時のトイレ問題を真剣に考えるようになりました。最近は災害用トイレなどが普及してきたので少なくなったようですが、震災対策技術展には被災したときのトイレ問題を扱った複数のブースが毎回出展していました。最近では地震ばかりでなく渋滞に備えて自動車内に用意している人も増えているようです。

　市販されている災害用トイレの多くは凝固剤と排便袋がセットで1袋に

なって、1箱に10セットから20セットが入っています。ちなみに、私は30袋入りの箱を5箱購入し、親戚にもわたしてありますが、購入して10年近くが過ぎたいまも誰も使っていません。1袋だけは使い方を理解するために試しに使いました。

　使用方法は商品によりますが、ここでは一例を紹介します。まず排便袋を洋式の便器にかぶせるようにセットし、袋の底の部分に凝固剤を1袋振りかけておき排便します。大便をしたら同じ袋に2袋入っている凝固剤の残りの1袋をふりかけ、袋の中の空気を抜くように固く閉じ、燃えるゴミとして廃棄できます。避難所では1人あたり1回1袋を使うことになると思いますが、それではゴミが出続けるのでルールが必要でしょう。たとえば小便用、大小用などと分けて、なるべくごみを少なくする工夫も必要です。

　ちなみに、このトイレの有効期限は私の購入したものでは「冷暗所保存で10年間」でしたが、時間が経過しても排便袋は劣化しないだろうとそのままにしています。用意した多くの人が経験することでしょうが、実際は準備していても役立たないことが多そうです。集合住宅の場合は断水ばかりでなく、住宅内での配管の故障や不具合でもトイレの使用が不可能になりますので、やはり準備だけはしておく必要があります。

●**風呂の問題**　避難所では風呂やシャワーが備えられていないことが多く、やはり不満の原因になっています。よくテレビなどで見る地震災害時に自衛隊が設置する共同浴場は被災後すぐに開かれるようですが、実際、被災後いつ入浴できるかは、そのときの運次第で、1週間から10日で入浴できたら「ラッキー」と考える心の余裕が必要です。

　一部の自治体では災害時に被災地に設置できるトイレやシャワー機能を備えた車（トレーラー）を用意する機運が出てきたようです。たとえば群馬県では「トイレやシャワーのついた高機能コンテナを整備し、岐阜県や浜松市は循環式シャワーを導入する。和歌山市は避難所となった学校で生活用水として使うため、プールの水を浄化する濾過装置車を導入する」（『読売新聞東京版』2024年3月2日）という取り組みがなされているようです。

　このように都道府県レベルで準備し、必要な場所へ迅速に設置することが望まれます。そのためには県と市町村との間で日頃から避難所の設置、トイ

7.5 住宅の耐震性　163

レ、シャワー、風呂などの配置をどうするか、まずは机上で作戦を練っておくことが大切です。この手順を省くと結局は「仏つくって魂入れず」となり、高値な買い物をしてもそれが役立たず、国民はその恩恵を受けられない、つまり税金の無駄使いになってしまいます。

7.5 住宅の耐震性

抗震力（第6章8節）でも述べたように、屋根瓦が落ちた、壁に亀裂が入った、外壁が落下した、というような多少は壊れても潰れない家に住むことを勧めています。多くの人が一日の中で自宅にいる時間が長いので、自宅が潰れなければ犠牲者にならずに済みます。したがって「多少は壊れても潰れない家」を奨励していますが、令和6年能登半島地震で珠洲市、輪島市などの木造住宅の1階の屋根が地面を覆うように潰れている状態を見ると、木造住宅では生き延びられないのではと思った人は少なくないでしょう。しかし、この地域は特別だったと私は考えています。

一般に日本の木造家屋は大地震の起こるたびに建築基準法が見直され、地震に強い木造家屋が建設されています。しかし経年劣化は起きるので、築後約15年後からは、10年に一度ぐらいの割合で耐震診断を受けることで、震度7にも耐えられる木造家屋が維持される可能性は高くなるのです。

そんな事情を背景に日本列島全体では耐震化率が90％とも言われていますが、石川県では50％程度でした。特に輪島市や珠洲市では群発地震の発生で、2020年12月からの3年間で、震度5強・弱程度の揺れを数回は経験し、耐震強度は極めて弱くなっていた家屋が多く存在していたのです。しかも倒壊していた家屋のほとんどは、築後30年以上は経過していると考えられ、さらに瓦屋根で重く、揺れに弱い建物でした。倒壊家屋のほとんどは潰れるべくして潰れたと推定できます。

100年前の関東大震災のときですら、震源地の湘南海岸で全壊した木造家屋の隣に、無傷で建っていた新築家屋が報告されています。1896年の「陸羽地震」（M7.2）と2008年の「岩手・宮城内陸地震」（M7.2）はともに奥羽山脈山麓で発生した地震でしたが、陸羽地震の全壊家屋は5792棟で、す

べて揺れによる倒壊だったのに対し、岩手・宮城内陸地震では全倒壊家屋30棟はすべて土石流によるもので、揺れによる倒壊ではありませんでした。日本の木造家屋は耐震化に注意していれば震度6強・弱や震度7の揺れにも耐えられるのです。

阪神・淡路大震災後に注目された住宅に「プレハブ住宅」があります。日本では大地震での建築物の安全性を確保するために建築基準法が定められ、1978年の「宮城県沖地震」（M7.4）などの経験を踏まえ、1981年に耐震設計基準がより厳しい内容に改定されました。そんな中でプレハブの建物が、震度7の地域で外見上はほとんど無傷で建っていたのです。

私はプレハブ住宅が地震に強いことを1964年の「新潟地震」で知りました。私は建築にはあまり詳しくありませんが、液状化で多くの建物が地面に沈んだり、壊れている新潟市内を歩いていたところ、まったく無傷の住宅にぶつかりました。それがプレハブ住宅を販売する会社が宣伝を兼ねて建てた事務所でした。事務所とは言っても普通の民家で、表の看板には「関東大震災にも耐える住宅」というような宣伝文句が並んでいました。文字通り地震に耐えた住宅と理解しましたが、その住宅が今日のプレハブ住宅の先駆けだったのです。この出来事をきっかけにプレハブ住宅が地震に強いことを改めて知らされました。

また、阪神・淡路大震災では震度7の地域で、グサグサに壊れ潰れた隣に、外見上はまったく無傷の木造家屋が建っていました。きちんとした施工がなされていれば木造家屋でも震度7に耐えることを実感しました。

一方、鉄筋コンクリートの集合住宅は日本ではほとんど「マンション」とよばれています。費用を安くするために意図的に耐震性を無視した設計をした事件がありましたが、一般的にマンションは地震には強いと考えてよいでしょう。しかし、次に述べるマンション特有の問題があるので、その点を理解した地震対策が必要です。

●エレベータ　地震発生と同時にエレベータは使用できなくなります。低層マンションなら階段を使って1階まで降りることも可能でしょう。しかし、阪神・淡路大震災以降に建設されたタワーマンションとよばれるような高層マンションは、まだ大地震の洗礼を受けていません。

7.5 住宅の耐震性　165

　地震波にはよく知られている縦波（Ｐ波）、横波（Ｓ波）の実体波のほかに、地球表面に沿って波のエネルギーが伝わる周期の長い表面波があります。高層マンション（高層ビルも同じ）はこの表面波と共振しやすい性質があります。建物の固有周期が表面波の周期に近いと長周期地震動が励起され、大きな揺れとなり建物内では固定していない家具が移動し出すという被害が生じます。長周期地震動は必ずしも巨大地震、超巨大地震で大きいという訳ではなく、遠方で起こり、縦波や横波の揺れではほとんど揺れなかった建物が、ゆっくり大きく揺れ、被害が生ずることもあるので注意が必要です。これは21世紀に入ってから生じた高層ビルに限定された震害です。

　揺れが収まっても停電が続いていればエレベータは動きません。それぞれの建物ごとの停電対策は震災ばかりでなく、日常的に発生する停電対策としても考えておくべきです。木造住宅、集合住宅関係なく停電対策としては照明用に懐中電灯や、ソーラーパネルを使った照明装置も市販されているので、準備しておけば日常でも有効に使えるでしょう。

●ガス　都市ガスでは地震が発生すると各家のガスメータの所で、自動的に供給が止められます。プロパンガスでも同様のシステムの普及が進んでいます。そのため20世紀の間のように、「地震を感じたら火を消せ」の格言は死語になっています。ただし、ガス供給を再開させるときには、使用しているすべてのガス器具の元栓を閉じるというような注意は必要です。

　調理用には私は卓上コンロを用意しています。スペアのガスボンベ数本を用意しておけば数日間は安心できると考えています。使い方によっては暖房用にもなるので、必需品として備えておくことを勧めます。

●水　断水になった場合、マンションでは個人住宅よりも水は得られにくいです。たとえ給水車が来ても、上層階の自宅まで水を運ぶのは大変で、高齢者にとっては不可能に近いです。私は自宅の浴槽にはいつも水を溜めておくことにしています。いざというときには生活水として使えるからです。飲料水の備蓄も奨励されています。私は1人2Lのペットボトル2本を一日分として、3日分程度を用意し、1年に1回は新しいものと交換しています。

　被災した場合、自助、共助、公助と言われるように、まずは自力で、続いて家族を含む近隣同士で助け合うことが奨励されています。公助が期待でき

ないことは少し想像力を働かせるとわかると思います。警察にしても、消防にしても、人数は限られています。地震という災害に際し、いろいろな要望が寄せられ、対応できるケースは限られてきます。したがって、共助が重要になります。

　マンションでは一つ屋根の下に住む仲間ではあっても、お互いの関係は希薄なケースが多いです。私自身も戸建てに住んでいるときは、隣近所との連絡・交流も密でしたが、マンション住まいになるとほかの住民に迷惑をかけない限り静かに過ごしたいと願って毎日を過ごしています。毎日顔を合わせていても挨拶しない人がいるという話は、多くのマンションで聞くことです。お互いの関係が希薄なら共助活動が順調にいくとも思えませんので、日頃から共助ができる環境を住民の間で創造しておくべきです。

　被災した輪島市や珠洲市の小さな集落の人々が、同じ避難所に行けなければ隣近所の人たち皆で地元に残る姿から、共助がいかに大切かを教えられました。そのような環境が構築されていれば、被災しても普通の生活に戻るまでの時間が短くて済むでしょう。共助の精神が醸成されているところは「防災力」が大きいと言えるでしょう。

7.6 食　　料

　自治体によって異なるかもしれませんが、避難所が開設される予定の学校などには非常食が備蓄されています。神奈川県のある高校では消費期限のある非常食を、毎年卒業する生徒に「災害がなくてよかったね」という意味を込めてわたしているようです。用意されている非常食は乾パンのように簡単に食べられるもので、私は学校に昼食時に「今日の昼食は非常食」と災害に備える気持ちを実感させたらどうかと提案したこともありました。

　行政は地震（災害）への遭遇は珍しいことなので、日頃からそのようなことを考えるのは難しいようです。しかし前述のようなちょっとしたことの積み重ねが、個人のさらには地域全体の防災力を高めていくと考えています。

　阪神・淡路大震災が発生した1995年頃まで、つまり20世紀の終わり頃までは地震に備えて備蓄する食品の代表は缶詰でした。一定期間ごとに備蓄

写真 7-2　東京大学で関東大震災 100 年を機に発売された非常食用の缶詰パン。缶の外装は地震を記録した今村式 2 倍強震計の波形が示され、添付資料に地震計の写真と波形の解説が示されている

しているすべての缶詰を新しく入れ替え続けている人が、週刊誌のグラビアを飾ったことがありました。

　近年は長期に保存でき、しかもほとんど調理不要なさまざまな食品が開発されています。毎年の地震対策技術展でも少し前までは水や湯を注いだらすぐ食べられるアルファ米、乾パンなど保存ができ手軽に食べられる食品が展示されていました。しかし、現在は同じ湯を注ぐだけで食べられるパック入りの米にしても、白飯、赤飯、混ぜご飯、おかゆ、カレーライスなど、品数が増えています。長期保存ができて高タンパク質の「おかず」も、豆腐やハンバーグなど種類が増えています。主食ばかりではありません。5 年間保存可能な小豆味とチョコレート味の羊羹、クッキーなどもあります。長期間の保存、手間をかけないですぐ食べられる、常温で保存可能なものなどが非常食の基本ですが、中には冷凍食品を備蓄している人もいます。これは長期保存は可能でも、災害時に停電になったら保存もできなくなります。

　2023 年に東京大学の学内ショップで 3 年間保存の缶詰のパンが販売され

168　第7章　防　災　力

ました。長期保存ができる缶詰のパンは市販されていますが、東京大学で販売されていたパンは関東大震災100年に際して販売されたものです。缶の外装には関東大震災の東京大学で記録された地震波形が使われ、地震研究所による解説が添付されています（写真7-2）。プルオープンの缶には100 gのパンが入り、500円前後の価格は災害時には便利と思う反面、家族分を何日も用意するには高額過ぎると感じてしまいました。味も菓子的で食事としては良いとは思えません。

　自宅に住み続けられる程度の被害なら、日常の食材を少し余裕をもって準備しておけば、一応の目的は達せられるでしょう。

7.7 | 防災グッズ

　地震は突然襲ってきます。大地震の発生で被害が生ずるような揺れが続いているときには動くこともできないですが、揺れが収まり、外の様子を見に行くようなときには用意してある防災グッズの入っているリュックを背負って出る気持ちが重要です。危機管理としては日常から最悪の事態を考える習慣を身につける努力が必要です。外に出たら、すぐその場を離れなければならないような危険が迫っているかもしれないのです。そのまま家に戻れる、家にいられる状況だったら運が良いのです。自分の家族や周囲の人々にとっても同じです。

　防災グッズや地震に対して備えなければならない品物に関する情報は、行政から出ている「防災ガイドブック」のような冊子などに必ず含まれます。それらを参考に自宅の置かれた環境、自分の体調などを考慮した防災グッズを用意しておきましょう。防災グッズの入れ物はリュックです。混乱しているとき、両手はあけておかねばなりません。

　そのリュックには必ず自分の住所、氏名、マイナンバー、もし可能なら血液型を記入した名札をつけておきます。どのような場合にも自分が認識されるからです。

　私が南極観測でアメリカ隊に参加したときのことです。アルミニウム製の小さなカードに名前が彫られたものを渡されました。金属製なので入浴のと

きも外す必要はありません。これは万が一のときにも本人を識別するための
マークとしての役目がありました。アメリカの軍人たちも全員が身につけて
いる品物のようです。日本の南極観測隊では使われていませんが、アメリカ
隊では南極をそれだけ危険な地域と認識して常に準備をしているのです。大
地震に際し、せめて防災グッズの入ったリュックにだけでもそのような名札
を付けることが必要です。そのような行為が結局は自分の身を守るのです。
危機管理の第一歩です。

　さらに津波に襲われやすい三陸や紀伊半島の海辺の住人でしたら、高台に
逃げることを考慮し、多少、リュックが膨らんでもウインドブレーカーのよ
うな羽織るもの１枚は必ず入れて置いた方が良いです。帽子や手袋、靴下も
必携品です。

　ガイドブックの中には預貯金通帳、健康保険証、印鑑などの貴重品を挙げ
る人もいます。日常的に使うこれらの貴重品を防災グッズのリュックに必ず
入れておくべきかどうかは、人によって異なります。被災した場合を想定し
ながら想像力を働かせて、ベストでなくてもベターの「マイ防災リュック」
を備えましょう。

　私は家の入口近くの部屋の一隅に靴下、手袋、ウエットティシュ、メモ用
紙とボールペンなどを入れた小袋、多少の非常食や非常用トイレの入った袋
などを並べ、その近くに帽子、リュック、ウインドブレーカーを一緒に置い
てあり、１分あれば必要な物は持ち出せるようにしています。加えて鍵のホ
ルダーに呼び笛を付けて必ず持ち歩いています。地震ばかりでなく、助けを
よびたいときには役立つからです。一時、市販されている懐中電灯、呼び笛
が付いたボールペンを常に持ち歩いていた時期がありました。しかし、懐中
電灯の電池の寿命は短く、無駄が多いので最近は使っていません。現在使っ
ている携帯電話には電灯が付いていますし、鍵束には呼び笛が付いているの
で、非常用対策はできているつもりです。

　防災グッズと一口に表現していますが、内容はさまざまです。既述の内容
を参考に自分自身で考え、準備することが大切です。

170 第7章 防 災 力

--- コラム⑦ ---

地球の寿命のせめぎ合い

　2024年8月9日16時42分頃、日向灘南部を震源とするM7.0、最大震度6弱の大地震が発生しました。1971年のM7.0の地震、1968年の「1968年日向灘地震」(M7.5)以来、半世紀ぶりに発生した日向灘の大地震でした。私は「久しぶりに起きたな」という程度に感じていましたが、気象庁の反応は違いました。

　「南海トラフ沿いの地震」に対し、警戒宣言が発せられるとしていた大震法が、警報を出すのは不可能として、観測データに異常が出たら「臨時情報」を出すとされていました。その臨時情報の必要性を検討する「評価検討会」を気象庁は初めて開催し、「南海トラフ臨時情報(巨大地震注意)」が発表されたのです。その対象地域は1都2府26県に及び海岸に面した自治体では、津波に備えて避難所を設置し、東海道新幹線では一部区間で減速するなどの対応がとられました。

　発表の根拠は地球上でM7クラスの地震が起きると1000回に1回ぐらいの割合でM8クラスの地震が続発し、その割合が数百回に1回と高くなったので注意報を発表したというものでした。

　気象庁の説明では「地震は必ず起こるわけではない」と補足をしています。この発表には批判もあると思いますが、地球の寿命と人間の寿命のタイムスケールが混同されている事実を理解することが必要です。私は日本社会がようやくたどり着いた超巨大地震への対応なのだと理解しています。国民はこの発表の背景を十分に理解し、「地震に成熟した社会」の構築の一つの過程と考えるようになればと願っています。

おわりに

　序章に述べたように 2023 年は関東大震災から 100 年の節目の年でした。神奈川県では「ぼうさいこくたい 2023」が開催され、いろいろな機関や団体が参加しました。自然災害への対応が防災ですが、ここでは、地震災害への防災に関する発表が半分以上、おそらく 70 ％ から 80 ％ を占めていたと思います。そして、そのほとんどが地震で被災した後の対応に関する発表でした。「避難所運営をどうする」「段ボールトイレのつくり方」「被災下での簡単な調理法」など、どれをとってももっともな提案で、異論をはさむ余地のない内容でした。各出展の担当者たちは、自分たちの考えや取り組みについて熱弁をふるっていました。各出展の個々の内容はその通りと賛同はしても、私はそれらの発表に終始「何か変だ」と思い続けていました。

　自然災害の中でも地震災害は突然発生するという特徴があります。自然災害の一つである気象災害は、災害が予報され、自宅周辺で浸水の被害が予想されるため、避難所に逃げて命を守ることができるのです。避難所に行くという行為一つをとっても、地震災害と気象災害は違うのです。

　一方、地震災害では突然大揺れが発生し、気がつけば家が潰れていた、崩壊した家の中に閉じ込められた、などが起こるのです。大きな揺れが収まり、人心地がついて自分も家族も無事だったとなれば、そこで初めて「自助」が成立し、では隣の人はどうしたかを気にする「共助」の段階に入ります。ここで初めて地震の被災者になるのです。

　生存者の多くは負傷者の救出、火事を出さないためのいろいろな行動、避難所への移動、落ち着いてくればその日の食べ物の心配などが当面の課題として次々に現れ、各出展で発表されていた方々の活動の場になります。皆さん、日頃からの訓練によって存分に腕を振るうことになるでしょう。そのようにできるのは大きな揺れを生き抜いてからです。

　地震の大揺れは住民を公平に襲います。いくら震災後の共助を考えていた

としても、大揺れで命を落とすことはありうるのです。本書で述べている「抗震力」とは、この最初の段階、突然襲ってきた最初の大揺れをいかに耐え忍び生き延びるか、地震の犠牲者にならないための術を身につけるためのものです。一方、多くの人が地震対策として主張していることは、大揺れで命を失わなかった後の対策、つまり地震の大揺れを生き延び被災者になった後の対策なのです。地震対策を語る多くの人が、このことを忘れないでほしいのです。

　被災後に起こる避難所、トイレ、インフラの不通などの問題を乗り切る力は総合して「防災力」とよばれます。家族全員が巨大地震の大揺れにも耐え、生き延びる術が抗震力を身につけることであることが本書を読まれた皆さんは十分に理解されたことと思います。

　私は定年を機に研究活動は一切しないことに決めました。研究をして論文にまとめることは苦労することも多かったのですが、完成したときの満足感で続けてこられたと思います。関係した学会もすべて退会し、抗震力も学会で発表したことはなく、いくつかの大学のセミナーなどで話をした程度でした。抗震力の知名度は低いですが、多岐にわたる地震対策をまとめていますので、大地震に遭遇したときに自分自身や家族が生き延びるための特効薬となることを期待しています。

　最後に貴重な写真を提供いただいた唐鎌郁夫氏、三浦禮子氏、小原公一氏、佐藤諒弥氏、地震峠について多くの資料を提供いただいた秋本敏明氏、東海地震発生説に関する資料を提供いただいた中泉武氏に御礼申し上げます。

　2024 年 9 月

神 沼 克 伊

参 考 文 献

井上篤夫　2022.『フルベッキ伝』国書刊行会.

尾池和夫　1978.『中国の地震予知』NHK 出版.

神沼克伊　2003.『地震の教室』古今書院.

神沼克伊　2011.『次の超巨大地震はどこか？』SB クリエイティブ.

神沼克伊　2012.『首都圏の地震と神奈川』有隣堂.

神沼克伊　2013.『次の首都圏巨大地震を読み解く』三五館.

神沼克伊　2020.『あしたの地震学』青土社.

神沼克伊　2020.『あしたの南極学』青土社.

神沼克伊　2022.『あしたの防災学』青土社.

神沼克伊　2022.『地震と火山の観測史』丸善出版.

神沼克伊　2023.『巨大地震を生きのびる』ロギカ書房.

国立天文台編　2023.『理科年表 2023』丸善出版.

地震研究推進本部　2022.『地震がわかる！』地震研究推進本部.

東京大学地震研究所　1973.『図説　日本の地震 1872 年―1972 年（東大地震研究所　研究速報第 9 号）』東京大学地震研究所.

萩原尊禮　1979.『地震予知と災害』丸善.

萩原尊禮　1982.『地震学百年』東京大学出版会.

萩原尊禮　1982.『古地震』東京大学出版会.

樋口敬二、太田文平編　1861.『寺田寅彦全集　第四巻』岩波書店.

吉村　昭　2004.『三陸海岸大津波』文藝春秋.

吉村　昭　2004.『関東大震災』文藝春秋.

索　　引

英字

M9 シンドローム　　65,121

あ行

圧死者　　134
姉川地震　　102
奄美大島沖地震　　92
安政東海地震　　94
安政南海地震　　94
安政の江戸地震　　42,43
伊豆―小笠原海溝　　76,83
伊勢原断層　　100
糸魚川―静岡構造線　　72,90
今村明恒　　14,36
岩手・宮城内陸地震　　99,163
石見畳ヶ浦　　41,75
浦賀水道地震　　109
液状化現象　　137
大河内正敏　　18
大地震切迫説　　25,51,96,97
大津波警報　　115
大森地震学　　39
大森房吉　　14,35
小田原地震　　100

か行

海岸段丘　　106
海溝　　90
海城地震　　50
海底地震計　　53
鹿児島地震　　104
火山性地震　　97
活断層　　145,151
活動期　　121
河内大和地震　　102
感震センサー　　139

関東地震　　13
関東大震災　　16,17,132
喜界島地震　　92
菊池大麓　　14
犠牲者　　135
北アメリカプレート　　44,72,76,150
北伊豆地震　　21,101,110
帰宅困難者　　130
北丹後地震　　74
北美濃地震　　102
巨大地震　　55,69,119
切土　　137
紀和地震　　102
緊急地震速報　　34,66,148,149
グーテンベルク　　47
熊本地震　　10,103
群発地震　　159
警戒宣言　　27,62
芸予地震　　103
元禄関東地震　　106,108,111
広域避難所　　140
抗震力　　2,6,116,123,124,155
江濃地震　　102
後発地震　　10,74,83,84,86
小藤文次郎　　36,37

さ行

災害関連死　　3,132
災害用トイレ　　161
相模トラフ　　91,111,150
桜島地震　　104
塩屋崎沖地震　　82
地震学会　　54
地震環境　　132,136,138
地震警戒宣言　　24
地震警報システム　　148
地震研究所　　16

索　引　175

地震災害　120
地震断層　37,145
地震調査研究推進本部　84
地震峠　4
地震防災マップ　138
地震予測　54
地震予知　23,50,54
地震予知研究委員会　58
地震予知研究計画　23,24,49,85
地震予知研究連絡委員会　47
地震予知不可能論　112
地震予知連絡会　59
静岡地震　101
自然災害伝承碑　4
地盤　136
島原地震　104
貞観の三陸沖地震　52
庄内地震　99
昭和三陸沖地震　21,86
初期微動継続時間　146
震災予防調査会　13,14,16,17,37,69
震災予防調査会報告　15
震度階　35,57
末広恭二　18
駿河トラフ　91
生存空間　134
関谷清景　14,34
善光寺地震　101
全国地震動予測地図　152
前震　85
想定外　26,52,64,65
双発地震　99

た 行

大規模地震対策特別措置法（大震法）　23,
　50,55,63,69
大正関東地震　13,107,108,110,111
耐震化　134,155
耐震家屋　124
耐震強度　163
耐震設計　129
大日本地震史料　38,39,40,42
太平洋プレート　26,76,150,151

縦波（Ｐ波）　148,165
田中館愛橘　18,37
丹沢地震　110
丹那断層　146
地球の息吹　10,28
地球の寿命　28,63,68,112,121
千島海溝　76,85
千々石湾地震　104
中央防災会議　87
長周期地震動　129,148,165
超巨大地震　55,119
張衡地動儀　33
津波　126,141
津波石群　92
津波環境　142
津波地震　79
津波避難タワー　98,142
坪井忠二　23
弟子屈地震　99
寺田寅彦　4,15,18
東海地震　64,107
東海地震発生説　23,50,59,93,96,97
東海地震判定会　23
東京直下地震　52,109,111
東南海地震　22,41,46,85,96
東北地方太平洋沖地震　25,52,65,80,98,
　119,141
十勝沖地震　77,78
特別強化地域　87
鳥取地震　75

な 行

長岡半太郎　18,39
南海地震　22,46,51,85
南海トラフ　64,91,93,95,109
南海トラフ巨大地震　98
南西諸島　90
南西諸島海溝　93
新潟県中越沖地震　73
新潟地震　8,23,71,136
西埼玉地震　100
日本海溝　76,85
日本海中部地震　71

日本地震予知学会　55
人間の寿命　63,68,112
根尾谷断層　36
濃尾地震　13,36,69
能登半島地震　73

は行

萩原尊禮　23,32
八丈島東方沖地震　83
浜田地震　41,75
阪神・淡路大震災　24,51,60,139,145
半割れ　98
日置地震　104
東日本大震災　25,52,65,80,98,119,141
微小地震　70
備蓄品　156
避難所　155
避難所開設　158,161
日向灘地震（1968年）　92
兵庫県南部地震　24,51,60,139,145
フィリピン海プレート　26,44,52,76,88,
　150
フォッサマグナ　72,73,101
福井地震　57,74
福島県沖地震　82
福島県東方沖地震　82
フルベッキ（グイド・フルベッキ）　31
プレート　150
プレートテクトニクス　88
プレート内地震　80,81,105
プレハブ住宅　164
ブロック塀　122
豊後地震　103
別府―島原地溝帯　84,103
宝永の大噴火　96
防災ガイドブック　168
防災グッズ　168
防災力　7,155

房総沖地震（1909年）　82,54
房総沖地震（1915年）　44,109
北海道胆振東部地震　116
北海道・三陸沖後発地震注意報　85
北海道東方沖地震　78
北海道南西沖地震　72
本邦大地震概表　39

ま行

マグニチュード　148
松代群発地震　23,54,101
三河地震　102
水鳥断層　36,151
宮城県沖地震（1897年）　80
宮城県沖地震（1978年）　80,122
ミルン（ジョン・ミルン）　33,34,39,148
明治三陸沖地震　86
明治三陸地震津波　79
盛土　137

や行

ユーイング（ジェームズ・アルフレッド・ユー
　イング）　33,34
ユーラシア　150
ユーラシアプレート　52,72,90
横波（S波）　148,165
横浜地震　33
吉野地震　102
余震活動　119

ら行

陸羽地震　99,163
竜ヶ崎地震　45,100,109
令和6年能登半島地震　3,8,74,115,137,
　141,157

わ行

和達清夫　23

著者紹介

神沼 克伊（かみぬま かつただ）
国立極地研究所・総合研究大学院大学名誉教授．理学博士．専門は
固体地球物理学．東京大学大学院理学研究科修了後に東京大学地震
研究所に入所，地震や火山噴火予知の研究に携わる．1974年より
国立極地研究所で南極研究に従事．2度の越冬を含め南極へは15
回赴く．南極には「カミヌマ」の名前がついた地名が2か所ある．
著書に『地震と火山の観測史』『地球科学者と巡るジオパーク日本
列島』『地球科学者と巡る世界のジオパーク』（以上，丸善出版）等．

地震学の歴史からみる地震防災

令和6年10月25日　発　行

著作者　　神　沼　克　伊

発行者　　池　田　和　博

発行所　丸善出版株式会社
〒101-0051　東京都千代田区神田神保町二丁目17番
編集：電話(03)3512-3265／FAX(03)3512-3272
営業：電話(03)3512-3256／FAX(03)3512-3270
https://www.maruzen-publishing.co.jp

© Katsutada Kaminuma, 2024

組版印刷・創栄図書印刷株式会社／製本・株式会社 松岳社

ISBN 978-4-621-30996-4　C 3044　　　　Printed in Japan

JCOPY 〈(一社)出版者著作権管理機構　委託出版物〉
本書の無断複写は著作権法上での例外を除き禁じられています．複写
される場合は，そのつど事前に，(一社)出版者著作権管理機構(電話
03-5244-5088，FAX 03-5244-5089，e-mail：info@jcopy.or.jp)の許諾
を得てください．